羟基化多溴联苯醚与人雌激素受体的构效关系研究

QIANGJIHUA DUOXIU LIANBENMI
YU REN CIJISU SHOUTI DE
GOUXIAO GUANXI YANJIU

李欣欣 著

U0213571

中国农业出版社
北 京

图书在版编目（CIP）数据

羟基化多溴联苯醚与人雌激素受体的构效关系研究/
李欣欣著 . —北京：中国农业出版社，2019.5
ISBN 978 - 7 - 109 - 25298 - 1

Ⅰ.①羟…　Ⅱ.①李…　Ⅲ.①有机污染物-关系-人
体-雌激素-研究　Ⅳ.①X5 ②R977.1

中国版本图书馆 CIP 数据核字（2019）第 042213 号

中国农业出版社出版
（北京市朝阳区麦子店街 18 号楼）
（邮政编码 100125）
责任编辑　杨晓改

北京大汉方圆数字文化传媒有限公司印刷　新华书店北京发行所发行
2019 年 5 月第 1 版　2019 年 5 月北京第 1 次印刷

开本：850mm×1168mm　1/32　印张：3　插页：2
字数：120 千字
定价：30.00 元
（凡本版图书出现印刷、装订错误，请向出版社发行部调换）

前　言

多溴联苯醚（polybrominated diphenyl ethers，PBDEs）作为一类雌激素干扰物（endocrine disrupting chemicals，EDCs），能干扰生物体内雌激素受体信号通路的正常调控。羟基化多溴联苯醚（OH‑PBDEs）作为 PBDEs 的典型代谢物，可能通过与雌激素受体（estrogen receptor，ER）相互结合的方式来干扰 ER 信号通路。配体结合到雌激素受体上，可导致受体发生相应的构象变化，是受体信号通路诱导过程中一个十分首要和关键的步骤。本书从研究相互作用着手，选取了 22 种不同羟基取代位置和不同溴原子取代位置及数目的 OH‑PBDEs，用表面等离子体共振（surface plasmon resonance，SPR）传感器考查了它们与人雌激素受体 hER 的相互作用关系，进而在生物体系内考查了这种相互作用诱导的生物学效应，最后用分子对接模拟的手段给出了 OH‑PBDEs 与 hER 相互作用的结构与效应之间的关系。

SPR 研究结果表明，在所研究的 22 种 OH‑PBDEs 中，有 7 种 OH‑PBDEs 表现出与 hER 的结合能力，它们的平衡解离常数在 1.46×10^{-7} mol/L 到 7.90×10^{-6} mol/L 之间，且亲和力强弱关系为 6‑OH‑BDE‑047≥4'‑OH‑BDE‑049＞4'‑OH‑BDE‑017＞6'‑OH‑BDE‑099≥5'‑OH‑BDE‑099＞2'‑OH‑BDE‑007＞3'‑OH‑BDE‑028。随后的

MVLN 报告基因检测体系证实，10 种低溴代的 OH‐PBDEs 能够激活 MVLN 细胞内的雌激素受体信号通路，表现为荧光素酶表达量的升高。但是，OH‐PBDEs 的雌激素活性仅为雌二醇（E_2）的 $1/10^7 \sim 1/10^5$，显示这种类型的污染物与人雌激素受体蛋白的结合属于一种较弱的结合。这 10 种 OH‐PBDEs 的雌激素活性强弱表现为 4'‐OH‐BDE‐049＞4'‐OH‐BDE‐017＞2'‐OH‐BDE‐007＞3'‐OH‐BDE‐028＞3‐OH‐BDE‐047≥3'‐OH‐BDE‐007。OH‐PBDEs 的结合能力与其雌激素活性呈正相关，说明这一类新型环境污染物能够直接与 ER 相互作用并在生物体内诱导雌激素受体信号通路的表达。另外 12 种高溴代的 OH‐PBDEs 能够不同程度地抑制 15 pmol/L 的 E_2 诱导下的 MVLN 细胞的雌激素活性，表现为抑制效应。分子对接试验结果揭示了高溴代和低溴代的 OH‐PBDEs 与 ER 两种不同的结合方式，分别对应它们不同的生物学效应。

在众多对持久性有机污染物的研究中，少有能够将分析化学手段与生物学手段相结合的先例。本书在探索新型的快速高效通道之余，能够为类似污染物的研究提供一种新的思路。本书在成书过程中受到了郭良宏老师、杨郁老师以及高宇、张斌田等人的大力支持，在此非常感谢他们的指导和付出。

著 者

2018 年 12 月

目 录

Contents

前言

1

绪 论

1.1 引言

多溴联苯醚（polybrominated diphenyl ethers，PBDEs）是一类含有溴原子的芳香族化合物，有四溴、五溴、六溴、八溴、十溴等 209 种同系物。其化学结构由两个苯环构成，苯环之间由醚键相连接（图 1.1），其上有数量不等的溴原子取代基，化学通式为 $C_{12}H_{(0-9)}Br_{(10-1)}$。PBDEs 难溶于水，易溶于有机溶剂，正辛醇/水分配系数从 5.9 变化到 10.0，随着溴原子数目的增加而增加。

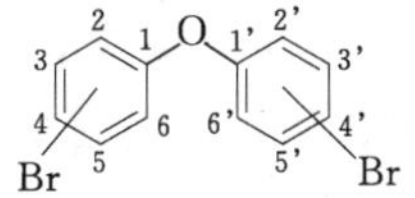

图 1.1 多溴联苯醚结构图

PBDEs 与多氯联苯（polychlorinated biphenyls，PCBs）结构相似，命名规则也相同。商品化的多溴联苯醚产品是一组溴原子数不同的联苯醚混合物，主要由五溴、八溴、十溴代的联苯醚组成。由于多溴联苯醚可在高温状态下释放自由基，阻断燃烧反应，因此其作为性能良好的阻燃剂被广泛地添加于纺织材料、家具、塑料制品，以及电子和建筑材料等生产、生活产品中。PBDEs 从 1960 年开始生产并大量使用，全世界大约每年生产 7 万 t。

PBDEs 多以涂层的方式添加于物体表面，不与其他材料发生化学键的相互作用。因此，该物质在生产和使用过程中容易渗漏到周围环境中并造成污染。在产品使用过程中，

PBDEs 可通过蒸发和渗漏等方式进入环境，焚烧和丢弃含有 PBDEs 的废弃物也是其进入环境介质的主要途径。大量研究数据表明，大气、水及土壤中都积累了相当数量的 PBDEs。进入大气的 PBDEs 通过大气干、湿沉降作用向水体和土壤转移。同时，由于 PBDEs 具有很强的亲脂性，且化学性质稳定不易被降解，因此其在环境中容易随生物链富集，最终通过食物链进入人体，并转移到生物体下一代体内，造成持久性的危害。PBDEs 在内分泌系统、生殖系统、神经系统以及肝等器官中都存在一定的毒性效应，已经成为危害人们身体健康和生命安全的重要隐患。

随着 PBDEs 的大量使用，它所引起的危害越来越引起人们的重视。2004 年，欧盟已经全面禁止五溴代和八溴代联苯醚产品的生产及使用。2009 年 5 月，斯德哥尔摩公约将商用的五溴代和八溴代联苯醚纳入新型持久性有机污染物的行列（POPs），并加以管制。2010 年，加拿大修订了关于 PBDEs 产品的风险控制策略。其中，增加了对四到十溴联苯醚的进口及制造产品的管制。但是由于长期以来的大量使用，使得这一类环境污染物仍然广泛存在，且在人体和环境中的水平一直在增加。在环境介质中，低溴代联苯醚比高溴代更容易被生物体吸收和富集，而高溴代联苯醚可能降解为低溴代联苯醚，它们通过一系列过程转化为 PBDEs 类似物、OH - PBDEs 或 MeO - PBDEs。

OH - PBDEs 化学结构与 PBDEs 类似，只是在其中一个苯环上多了一个羟基取代基团。然而，与 PBDEs 不同的是，OH - PBDEs 主要来源不是人工合成，其在工业生产过程中的使用也并不广泛。随着近年来 OH - PBDEs 在环境介质及生物体内的检出，它们受到越来越多的关注。由于 OH - PBDEs 的毒性研究刚刚起步，因此较 PBDEs 而言，关于环境介质中 OH - PBDEs 的研究较少，多集中在鱼类、鼠类及人类血液中的 OH-PBDEs 检测方面。

1.2　OH-PBDEs 的来源

OH-PBDEs 的产生，除来自海洋中藻类等自然源的释放外，还有一部分通过大气中自由基反应生成或者通过生物体内 PBDEs 的转化生成。

1.2.1　藻类等自然源的释放

Malmvam 等人的研究发现，在藻类体内，OH-PBDEs 的浓度远高于 PBDEs 的浓度。由此推断，这些 OH-PBDEs 主要来自于-OH 醚键临位取代 PBDEs。近年来，越来越多的学者发现，海洋动物体内的 OH-PBDEs 来自自然环境产生的 OH-PBDEs。Kelly 等研究认为，在北极地区海洋内，食物链各营养级生物体内的 OH-PBDEs 可能是由于蓄积了环境中的 OH-PBDEs。

1.2.2　PBDEs 光降解产生

PBDEs 的 C-Br 键和醚键较为活跃，在光照条件下容易发生光解反应。因此，高溴代的 PBDEs 的光解是一个逐级脱溴的过程。研究表明，PBDEs 的光解反应速率，一方面，与溴原子取代位点数量成正比；另一方面，优先在取代程度高的环上发生脱溴反应。同时，考虑到 OH-PBDEs 在光照下降解速率比相同溴取代的 PBDEs 要快，这就使得在纯自由基反应的大气中的 PBDEs 转化为 OH-PBDEs 的过程成为可能。

1.2.3　生物体内 PBDEs 的转化

生物体内大量不同类型的酶的存在，为 PBDEs 在生物体内的转化提供了条件。Marsh 等发现，在暴露了 BDE-47 的

大鼠粪便中存在多种 OH‐PBDEs。Malmberg 除发现暴露于
PBDEs 的大鼠血液中含有多种 OH‐PBDEs 外，还含有 2 种
二羟基 PBDEs，且 OH‐PBDEs 能残留于血液中，说明代谢
可能是生物体内 OH‐PBDEs 的主要来源。Chen 等用同样的
方法研究了 BDE‐099 在 F344 大鼠和 B6C3F1 小鼠中的代谢，
并在胆汁、尿液和粪便中检测到多种一溴代和二溴代的 OH‐
PBDEs，发现高溴代的 BDE‐099 相对于低溴代的 BDE‐047
有更多的代谢途径和代谢产物。同时认为，其中大部分代谢物
来源于芳环氧化中间物。Qiu 等的研究证实了这一观点，认为
表现出类甲状腺激素活性或类雌激素活性的 OH‐PBDEs 的形
成主要通过间位溴原子脱落后形成芳环氧化中间体，该中间体
再进一步与羟基结合而形成。Hakk 等人的研究则揭示了在这
种芳环氧化中间体的形成过程中，Cyp450 催化酶起到了关键
作用。随后，该中间体又经历一系列的脱溴过程，形成 MA
单羟基取代的 PBDEs 或者二羟基取代的 PBDEs。

　　此外，作为人类乳制品和肉类等食物的来源，牛体内 PB-
DEs 的转化也有报道。Kierkegaard 等人的研究发现，奶牛器
官和脂肪组织中所含的 PBDEs 主要是 BDE‐209，且脂肪组
织中低溴的 PBDEs 累积非常高，表明 BDE‐209 能在牛体内
代谢脱溴，暗示牛肉是人体内富集 PBDEs 一个非常重要的来
源。作为人类饮食的另一个重要部分，鱼体中 PBDEs 污染水
平和代谢研究也有报道。Asplund 等在波罗的海的海大马鱼血
浆中检测到 OH‐PBDEs，并发现其浓度水平和 PBDEs 主要
种类的水平相似。

　　除此之外，Athanasiadou 等对在市区废物处理点工作或
生活过的 11～15 岁儿童的血清样本进行研究，第一次在人体
内检测到了高含量的 OH‐PBDEs，证明 OH‐PBDEs 在人体
血清中的确存在，并通过比较发现，OH‐PBDEs 含量和 PB-
DEs 具有相关性。随后，Yu 等在对某垃圾拆解点附近人体血

清的检测中发现三种八溴和九溴代 OH‑PBDEs，说明高溴代
OH‑PBDEs 能在人体内富集，同时间接说明高溴代的 PBDEs
在人体内可以氧化生成 OH‑PBDEs。在暴露了 BDE‑099 的
人肝细胞内也检测到了一溴代联苯醚。尽管如此，这些被检测
到的 OH‑PBDEs 转化率低，仅为母体含量的 $1/10^5 \sim 1/10^4$ 甚
至更小。Qiu 的研究团队在对北美没有直接接触这类污染物的
孕妇及新生儿血液样的 PBDEs 和 OH‑PBDEs 浓度的调查中
发现，试验人群体内存在多种不同于大鼠暴露代谢结果的 OH‑
PBDEs，暗示人体内 PBDEs 代谢途径可能和大鼠体内有不同
之处。

1.3　OH‑PBDEs 污染现状

由于人们对羟基化多溴联苯醚的关注，越来越多的科研工
作者开始从事 OH‑PBDEs 在环境介质中、野生动物中和人体
组织中分布工作的研究。这些样本来自全球不同地区。总体来
说，对于 OH‑PBDEs 的研究样本数量规模还比较小，科研工
作数量较少。因此，加强 OH‑PBDEs 在环境介质及生物体内
的检测工作是一项十分紧迫任务。在此，我们对文献报道的典
型 OH‑PBDEs 在环境介质、生物及人类组织中的分布进行
总结。

1.3.1　OH‑PBDEs 在环境介质中的污染现状

尽管目前还不能确定 OH‑PBDEs 检出水平的可靠性，但
是在全球范围内许多环境介质都检出不同种类的 OH‑
PBDEs。这些环境介质包括大气、水、沉积物以及土壤。

Ueno 等检测了加拿大安大略湖区 2002—2004 年间的雪
样、雨样和表面水样，发现雪样中总 OH‑PBDEs（diOH‑
PBDEs、triOH‑PBDEs、tetraOH‑PBDEs、pentaOH‑

PBDEs、hexaOH‐PBDEs) 含量达到 3.5～190 pg/m², 表面水样中的含量为 2.2～70 pg/L, 而雨水中的含量在 15～170 pg/(m²·d)。该地区检出的 OH‐PBDEs 主要有 3‐OH‐BDE‐047、5‐OH‐BDE‐047、4‐OH‐BDE‐042、6‐OH‐BDE‐085 以及 2‐OH‐BDE‐123。值得注意的是, 作者在同一样品中检测得到的 PBDEs 含量, 在雨水、降雪及湖水中的存在水平远远大于 OH‐PBDEs 含量。Zhang 等首次对中国辽东湾附近海洋底泥中的 OH‐PBDEs 进行检测, 检出物主要有 6‐OH‐BDE‐047 和 2'‐OH‐BDE‐068, 总 OH‐PBDEs 含量在 3.2～116 pg/g。

1.3.2 OH‐PBDEs 在人体内的污染现状

由于 PBDEs 长期以来的大量使用, OH‐PBDEs 在世界很多地方的人群体内都有检出, 如美国、尼加拉瓜、荷兰、日本、西班牙、韩国等地。OH‐PBDEs 在中国人体内的水平也已经有了初步考察。Wang 等采用 GC‐MS 方法检测到中国香港地区人体血液中 OH‐PBDEs 的含量在 5.3～490 pg/g, 主要的检出种类有 6‐OH‐BDE‐047、5'‐OH‐BDE‐099、3‐OH‐BDE‐100、3‐OH‐BDE‐007、6‐OH‐BDE‐085, 同时还包括一些甲氧基代谢物。作者推测当地以海产品为主的饮食习惯是导致血液中 OH‐PBDEs 含量较多的主要原因。Wan 等对韩国 26 名怀孕妇女血液及出生婴儿脐带血的检测发现, 只有 6‐OH‐BDE‐047 能够高水平检出, 母亲血液中的含量为每克湿重 (17.5±26.3) pg, 婴儿脐带血中的含量为每克湿重 (30.2±27.1) pg, 并且发现这二者的含量存在正相关。

1.3.3 OH‐PBDEs 在野生动物体内的污染现状

在鱼类、水生哺乳动物、鸟类等野生动物体内均检测出

OH - PBDEs。Valters 等在底特律河的鱼类血浆中检测到的总 OH - PBDEs（干重）为 198 pg/g，主要以 6 - OH - BDE - 047 为主，而白鲸脂肪中也有 OH - PBDEs 被检测出。迄今为止，海洋动物中检测出的 OH - PBDEs 主要有 2 - OH - BDE - 075、2 - OH - BDE - 123、2 - OH - BDE - 153、3 - OH - BDE - 047、4'- OH - BDE - 017、4 - OH - BDE - 042、4'- OH - BDE - 049、5 - OH - BDE - 047、6 - OH - BDE - 047、6 - OH - BDE - 049 和 6'- OH - BDE - 085。

1.4 OH - PBDEs 毒性机制研究现状

PBDEs 的毒性已经广泛地被世界各地的研究者研究。考虑到 OH - PBDEs 与 PBDEs 在结构上的相似性，有必要将二者的毒性效应进行比较考查。

1.4.1 对雌激素的影响

近年来，环境污染物引起的雌激素干扰效应引起了越来越多的重视。一些化合物的结构与雌二醇（E_2）相似，并通过与雌激素受体（ER）的结合干扰受体信号通路。此外，还有一些环境污染物通过影响雌激素的生理代谢过程来干扰其在体内的产生、分泌、运输、代谢、结合和降解等，这类污染物被统称为内分泌干扰物（endocrine disrupting chemicals，EDCs）。许多环境污染物（表 1.1），如塑料制品中所含的双酚 A、杀虫剂滴滴涕（DDT）等物质都被列入这类干扰物的行列。

从 Kupfer 和 Bulger 首次证实 DDT 能在生物体内代谢为雌激素起，环境污染物对雌激素的干扰效应就引起了人们的重视，陆续发现很多污染物在经过 CYP450 酶代谢之后都具备了雌激素活性。如氯代苯类化合物，经过 CYP450 酶的脱氯加羟基过程之后，能够极大地增强其与 ER 的结合能力。

表 1.1　部分能干扰雌激素信号通路的雌激素干扰物

化合物	机制	其他效应
双酚 A（bisphenol A）	雌激素受体配体	雄激素干扰物
甲氧氯（methoxychlor）	经 CYP450 代谢后的代谢物是雌激素受体配体	氧化应激；雄激素干扰物
滴滴涕（o, p'-DDT）	雌激素受体配体	神经毒性；炎症反应
多溴联苯醚〔polychlorinated biphenyls (several congeners)〕	经 CYP450 代谢后的代谢物是雌激素受体配体	免疫抑制剂；致癌物；神经毒性
β-六氯环己烷（β-hexachloro-cyclohexane）	未知	肝毒性
2，3，7，8-二噁英	诱导内源雌激素代谢，与芳香烃受体信号通路交叉感应	真皮毒性；血管毒性；肝毒性和神经毒性
铅	与配体结合域形成复合物	贫血；神经毒性

　　野生动物调查试验表明，环境中的雌激素干扰物对人体健康的危害应该引起高度重视。由于环境污染物的雌激素干扰效应，很多野生动物都出现了各种各样的毒害作用。例如，鱼类种群内的雌性化倾向；两栖动物种群内的雌雄同体现象；爬行动物表现出的类固醇增多、骨稳态改变及性腺发育异常等现象。但是，环境污染物在人体内的雌激素干扰效应研究较少，并且存在很大的争议。尽管如 DES（diethylstibestrol）等化合物的雌激素干扰效应已经被广泛报道，但是这一类污染物的致病浓度尚未界定。我们所知的外源雌激素对人体的影响主要体现在青春期提前和儿童生殖器官性别模糊等，这些现象的发

生可能与其在胚胎期就暴露了大量的外源雌激素物质有关。

EDCs 发挥雌激素效应通常受到雌激素受体信号通路的调节。Shanle 等人在 2011 年发表的一篇文章中系统地介绍了 ER 通路的调节机制。在此，我们仅对文中涉及的遗传性和非遗传性 ER 信号通路的调节机制进行介绍（彩图 1）。

在遗传性通路中，配体结合到 ER 受体的配体结合域（LBD），这种结合会使得原本与 ER 结合在一起的 hsp90 蛋白解离开来，并引起 LBD 发生相应的构象变化，随后引起 ER 的同源二聚化作用。ER 二聚体随即进一步与 DNA 上的雌激素受体响应原件（EREs）结合，从而介导下游靶基因的调控，或者在转录因子如 Sp1 或 AP-1 的作用下束缚在 EREs 上并对靶基因进行调控。晶体结构的信息解释了 ER 在结合了激活剂（agonist）和抑制剂（antagonist）时具有不同的构象变化，从而影响了共激活因子的招募以及转录的完成。非遗传通路下雌激素受体的调节非常快速，通常在暴露于雌激素后几分钟内就可以实现响应。但是 ER 介导的非遗传型通路的机理至今仍不完全清楚，科学家推测这个通路可能是受到细胞膜表面 ER 调节或者完全脱离于 ER 的受体调节。已知的内分泌干扰物，如双酚 A（BPA）可以引起雌激素受体信号通路的快速响应，说明 EDCs 同样能够对 ER 非遗传型通路产生影响。

通常情况下，内源性与外源性雌激素的小分子进入细胞后，与雌激素受体的结合作用是它们发挥正常生理功能或起干扰效应的最为首要和关键的步骤。从这个角度出发，在研究外源性雌激素的干扰效应时，首先要研究这类物质与雌激素受体的结合情况。

PBDEs 和 OH-PBDEs 的雌激素干扰效应已有报道。它们在雌激素受体水平上表现出来的激活或者抑制效应已经被多位研究者考察。但是，这些工作主要是体外研究，包括细胞模型和动物模型等，缺乏分子水平和分子机理的研究。Meerts

等对 PBDEs 和 OH－PBDEs 在 T47D 乳腺癌细胞内的生物学效应进行了考查，发现在 11 种 PBDEs 中，有 5 种（BDE－100、BDE－75、BDE－51、BDE－30、BDE－119）PBDEs 表现出对雌激素受体信号通路的激活效应，且这种激活效应随着污染物浓度的上升而增加。但是，其中表现出最大激活效应的 PBDE 的激活能力仍远远低于雌激素受体的天然配体 E_2，约为雌二醇活性的 1/390 000，甚至更少。同时，作者也发现，在考查的 3 种 OH－PBDEs 中，其中 2 种 OH－PBDEs 的雌激素活性高于任何一个 PBDE。这也进一步说明，经过羟基取代后的多溴联苯醚，雌激素干扰效应得到了增强。此外，BDE－153、BDE－166 和 BDE－190 表现出较强的抑制效应，但是没有 OH－PBDEs 表现出对雌激素受体信号通路的抑制行为。Hamers 等人研究了 4 种 PBDEs 和 6－OH－BDE－047 的雌激素效应，总结出 PBDEs 的雌激素干扰效应呈现出低溴代激活、高溴代抑制的趋势。但是考查范围内的 PBDEs 的抑制效应低于 6－OH－BDE－047。Mercado－Feliciano 和 Bigsby 等人研究了 DE－71 在 BG1 Luc4E2 细胞内的代谢情况，发现 DE－71 经过细胞生理代谢过程之后产生了 6 种 OH－PBDEs，它们分别为 4'－OH－BDE－017、4－OH－BDE－042、4'－OH－BDE－049、2'－OH－BDE－028、3－OH－BDE－047、6－OH－BDE－047。作者随后通过荧光素酶指示系统考查了这 6 种 OH－PBDEs 的雌激素活性，发现它们均能够不同程度地激活雌激素受体信号通路，表现为荧光素酶表达量的升高。个别 OH－PBDEs 的活性与双酚 A（BPA）相近，而其中 4－OH－BDE－042 的作用最为明显。

Canton 等人则发现了 OH－PBDEs 在人类雌激素生理代谢过程中的另一个干扰途径。作者发现有 11 种 OH－PBDEs（2'－OH－BDE－028、4'－OH－BDE－017、2'－OH－BDE－068、2'－OH－BDE－066、3－OH－BDE－047、4'－OH－

BDE - 042、4 - OH - BDE - 049、5 - OH - BDE - 047、6 -
OH - BDE - 047、6' - OH - BDE - 049、6 - OH - BDE - 090)
在人体胚胎细胞的微粒体中对芳香酶（CPY17、CPY19）的
活性有抑制效应。芳香酶在人体内负责将雄激素转换为雌激
素，并对雌激素合成酶的代谢过程有重要作用。这种酶受到抑
制的情况下会导致雄激素和雌激素在人体内的水平失衡，扰乱
内分泌系统。OH - PBDEs 影响芳香酶活性所需的最低浓度为
1 μmol/L。同时，Song 等人的研究表明，OH - PBDEs 能够
抑制 H295R 细胞的增殖，干扰细胞生长周期，同时对人肾上
腺皮质癌细胞系基因的表达表现出抑制效应。所考查的 2 种
OH - PBDEs 毒性不同，2 - OH - BDE - 085 强于 2 - OH -
BDE - 047。

1.4.2 对甲状腺激素的影响

甲状腺激素体系是很多环境污染物的靶标。四碘甲状腺原
氨酸（T_4）由甲状腺分泌产生，进入血液后与甲状腺激素转
运蛋白结合并被输送到各个靶组织器官，在那里被活化为一种
更为活跃的物质——T_3（三碘甲状腺原氨酸）。T_3 的活化过程
是由甲状腺激素受体（TR）蛋白介导的，哺乳动物体内的
TR 以两种亚型存在，即 TRα 和 TRβ。其中，TRα 主要介导
甲状腺激素在大脑中的活化过程，而 TRβ 则主要负责 T_3 在肝
及其他器官内的活化。

由于 OH - PBDEs 与甲状腺激素在结构上极为相似
（图 1.2），因此 OH - PBDEs 能够在体内模仿甲状腺激素与甲
状腺激素受体结合。4 - OH - BDE - 090 与 3 - OH - BDE -
047 能与 T_3 竞争结合 TR - α，其中 4 - OH - BDE - 090 能够
很大程度地抑制 TRα 和 TRβ 基因的转录过程。Li 等人比较了
OH - PBDEs 与 PBDEs 在激活 TRβ 受体通路方面的差别，发
现 OH - PBDEs 能够显著激活 TRβ 报告基因的表达，而

PBDEs 则无明显的激活效应。同时，作者发现在所有考查的 OH－PBDEs 中，自然源的 6－OH－BDE－047 具有最大的激活效应。

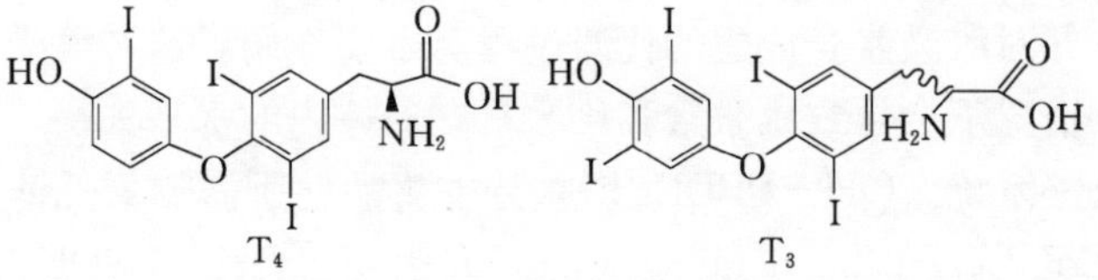

图 1.2 T_4 和 T_3 结构式

在生物体的生理代谢过程中，甲状腺素 T_4 的水平稳定在一定的范围内，这对生物体的组织生长、发育、分化以及脑组织的发育都十分重要。芳香烃类物质（PHAHs），包括多氯联苯类（OH－PCBs）和二噁英（OH－PCDDs）等，能够与甲状腺激素转运蛋白（TTR）结合，导致内源性甲状腺激素（T_4）无法与转运蛋白结合，从而致使血液中甲状腺素水平下降。

由于 PBDEs 和 OH－PBDEs 与 T_4 和 T_3 在结构上的这种相似性，它们在 TH 系统上的毒性已经引起了广泛关注。早先的工作证实，OH－PBDEs 是由生物体内的 PBDEs 在微粒体内经过一系列的转化而来。在此基础上，Meerts 等人研究了 PBDEs 及转化后的 PBDEs 与人甲状腺激素转运蛋白的结合能力。作者将小鼠暴露于苯巴比妥（phenobarbitol，Cyp2B 诱导剂）、Cyp1 A 诱导剂（β－napthoflavone）或者安妥明（clofibrate，Cyp4 A 诱导剂），然后将小鼠内的微粒体分离出来与 PBDEs 一起进行孵育，发现经过微粒体代谢的 PBDEs 才能与甲状腺激素转运蛋白（TTR）结合。同时，作者还设计合成了两种 OH－PBDEs，2,6－二溴－4－羟基－BDE 和 2－溴－4－羟基－BDE，二者分别作为 T_3 和 T_4 类似物，它们与 TTR 的结合能力比 T_3 及 T_4 高出很多。此外，作为 BDE－47 的羟基取代物，6－OH－BDE－047 与 TTR 的结合能力要高于母体，这暗示 OH‐PBDEs 其生物学毒性要强于 PBDEs。Ucan‐Marin 等人更是将 6‐OH‐BDE‐047、6‐MeO‐BDE‐047 和 BDE‐047 与 TTR 的结合能力进行了综合比较与考查，发现北极鸥和鲱鸥体内 6‐OH‐BDE‐047 的结合能力比其他两种物质高出几个数量级。在这些鸥类体内，对位取代的 4'‐OH‐BDE‐049 比临位取代的 6‐OH‐BDE‐047 具有较高的结合能力。Marchesini 等人利用表面等离子体共振传感器的方法检测到几种能与 TTR 蛋白和甲状腺结合球蛋白（TBG）相互作用的 OH‐PBDEs（3‐OH‐BDE‐047、6‐OH‐BDE‐047、5‐OH‐BDE‐047、4'‐OH‐BDE‐049、6'‐OH‐BDE‐049、6‐OH‐BDE‐099）。对于这两种转运蛋白，OH‐PBDEs 的亲和力均要强于 PBDEs（BDE‐047、BDE‐049、BDE‐068、BDE‐099）。

由于甲状腺激素在人体生长发育分化过程中所起到的关键性的调控作用，任何影响甲状腺激素在人体内分布及水平的物质都将对生物体的健康产生巨大危害。甲状腺激素的供应在人类胎儿发育的过程中尤为重要。然而近年来，在多个国家和地区的妊娠期妇女体内及胎盘内都检测到了 OH‐PBDEs，在哺乳期的妇女乳汁中也检出了 OH‐PBDEs。值得注意的是，OH‐PBDEs 在胎儿血液中的水平要比母亲血液内的水平高。这暗示我们，相比于成年人来说，发育过程中的胎儿对 OH‐PBDEs 更为敏感。然而，对于 OH‐PBDEs 在胎儿体内累积现象的原因，学术界并未做出清晰的解释，但是越来越多的证据表明，这一过程可能与 TTR 转运蛋白相关。TTR 能够跨越胎盘表层黏膜进入胎盘，同时协助 T_4 进入正在发育的胎盘内并对胎儿的生长发育起调控作用。如前文所述，6‐OH‐BDE‐047 与 TTR 的结合能力比 T_4 强，而胎盘细胞也能够合成并分泌 TTR 蛋白，分泌的 TTR 与 T_4 结合，使得 TTR‐T_4 复合物的含量在胎盘内的含量增加。同样的，TTR 的高水平存在也会使 6 - OH - BDE - 047 在胎盘内累积。但是幸运的是，胎盘血内 6 - OH - BDE 的含量远低于能够影响 T_4 和 TTR 结合的水平。

1.4.3 对其他系统的影响

有研究发现，即使是在低剂量下，6 - OH - BDE - 047 仍然能导致斑马鱼胚胎畸形生长；而如果剂量加高，则能抑制斑马鱼胚胎发育甚至死亡；到达毫摩尔级时，甚至能导致线粒体中氧化磷酸化（OXPHOS）紊乱。此外，PBDEs 对神经发育系统的影响已有报道。有研究证实，暴露了四溴和五溴代 PBDEs 的小鼠表现出神经发育系统的异常，而 PBDEs 经过羟基取代之后的代谢物则会增加其对神经系统的毒性。

1.5 表面等离子体共振 (SPR)

Wood 在 1902 年的一次实验过程中将一束多色光照射到金属衍射光栅上，发现在衍射光的光谱范围内有一道狭窄的黑色条带，当时他将这一现象记录下来，并称这一现象为异常的结果，后来人们将这一事件看做是对表面等离子体共振（SPR）现象的首次记录。Fano 随后对这种异常现象进行了研究，并推测它与光栅表面电磁波的激发有关。到 1958 年，Thurbadar 同样是在对金属薄膜的照射过程中，发现在某个入射角照射的情况下其反射光强度剧烈下降，但是当时他并没有将这种现象与表面等离子体联系起来。Otto 在 1968 年对 Thurbadar 的这一发现进行了解释，并证实这种反射光光强的降低是表面等离子体基元激发中导致衰减全反射造成的。同年，Kretschmann 和 Raether 也报道了表面等离子体基元的激发。Otto、Kretschmann 和 Raether 的工作共同奠定了表面等离子体共振的理论基础。20 世纪 70 年代末期，这一技术才逐步开始推广并得到应用。

1.5.1　SPR 的基本理论

产生表面等离子体基元共振的首要条件是，在产生共振的两种材料的交界处存在自由电子。这意味着，其中一种材料是富含自由电子的金属材料。在具备了这个条件之后才能进一步产生表面等离子体的共振现象。产生表面等离子体的过程简要叙述如下：

当一束偏振光投射到棱镜上，光在棱镜表面发生反射与折射，并进一步穿过棱镜到达位于棱镜表面的金属薄膜表面并在那里发生反射。当变换入射光的角度，并对金属薄膜表面的反射光进行考查，发现反射光的光强会在某个时刻达到最小值（彩图 2，曲线 A）。此时，入射光激发金属薄膜表面的表面等离子体基元，引发表面等离子体基元共振。这时，光子与金属薄膜表面的自由电子相互作用，引发自由电子的振荡，并产生沿金属薄膜表面传播的电消逝波，此时光能全部转化为自由电子的振动能，导致反射光光强下降。反射光光强最小值时的入射光的角度称为共振角或 SPR 角。这个角度的大小与光学系统内各器件的性质相关，如金属薄膜的折射率等。如果固定金属薄膜及其他光学器件的性质，金属薄膜表面介质折射率的改变就与其表面聚集的介质质量变化呈正相关（彩图 2，曲线 A - B 的变化）。

1.5.1.1　消逝波

对于消逝波的理解，在了解表面等离子体共振理论的过程中占有十分重要的地位。金属界面上的电子在一定条件下能够产生连续的振荡变化，这种现象称作表面等离子体振荡（Ritchie, 1957）。等离子体的振荡频率 ω 与沿界面传播的波矢量 k_x 相关。一个平面电磁波在某折射率为 n 的介质中传播，其电场强度 E 在数学上可以用公式（1.1）来表示。其中，E_0 代

表电场振幅；ω 为振荡的角频率；k 为波矢量；$\gamma = (x, y, z)$ 表示的是波矢量的坐标位置；$j = 1$ 代表介电材料；$j = 2$ 代表金属材料。由公式（1.1）可以看出，电磁波的电场强度在 $|z| \to \infty$ 时最小，在 $z = 0$ 时最大。这也解释了为什么表面等离子体共振对于介质表面性质变化的敏感。在本书中，我们主要关心平面电磁波的波矢量 k，它的方向平行于波传播的方向，它的强度由公式（1.2）来表达。其中 λ 和 c 分别代表等离子体振荡波波长和它在真空中的传播速度。

$$E = E_0 \exp(j\omega t - jk\gamma) = E_0 \exp(j\omega t - jk_x x - jk_y y - jk_z z)$$

$$(1.1)$$

$$k = \sqrt{k_x^2 + k_y^2 + k_z^2} = n\frac{2\pi}{\lambda} = n\frac{\omega}{c} \qquad (1.2)$$

接下来，我们进一步考查电磁波在这两种介质（折射率分别为 n_1 和 n_2）表面发生折射时的现象（图1.3）。我们可控制入射光的入射方向使 $k_z = 0$，这样我们所要考虑的问题就是一个发生在二维界面的过程。根据 Snell 法则，我们可以得到公式（1.3）和公式（1.4），二者在本质上是等价的。

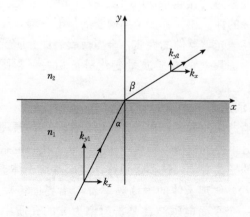

图 1.3　光在两种介质表面发生折射的示意图

$$n_1 \sin\alpha = n_2 \sin\beta \tag{1.3}$$

$$k_{x1} = k_{x2} = k_x \tag{1.4}$$

结合公式（1.2）和公式（1.4），我们可以得到公式（1.5），用来表示垂直于界面的波矢量 k_y：

$$k_{y2}^2 = n_1^2 \left(\frac{2\pi}{\lambda}\right)^2 \left(\frac{n_2^2}{n_1^2} - \sin^2\alpha\right) \tag{1.5}$$

这里我们假 $n_1 > n_2$，从公式（1.5）中我们可以看出，如果 $\sin\alpha > n_1/n_2$，公式（1.5）中右侧的部分是负值，也就是说，此时 k_y 值是不存在的。在这种情况下，介质2只有一个平行于基面的波，其电场强度如公式（1.6）所示。该波的电场强度沿着 y 轴的方向呈指数衰减，特征距离 $1/k_{y2} = 1/j\,k_{y2}$，因此我们把这个波称作消逝波。我们可以用公式（1.5）来计算该电场的穿透深度，大概是半个波长的量级范围。因此，只有接近界面附近的区域才会存在电磁场，所以界面处电解质特性的改变才会影响所产生的电磁场。

$$E_2 = E_0 e^{k_{yz}r} \exp(j\omega t - jk_x x) \tag{1.6}$$

1.5.1.2 表面等离子体色散关系

关于表面等离子体色散公式，这个表示角频率 ω 和波矢量 k 的关系公式的推导过程有几种不同的方法。在本书中我们采用的是 Cardona 的方法，并且只考虑入射光为 p-偏振光的情况下界面附近发生的过程。对于任何两种材料形成的界面，入射光的反射系数由 Fresnel 公式来描述。该公式由 Maxwell 公式推导而来，在此我们不作赘述。公式中，E_i 和 E_r 分别为入射电场和反射电场，而角度 α 和 β 在图1.3中已被标出。

当然，角度 α 和 β 与公式（1.3）和公式（1.4）相关，但是同时由于所用材料不同，入射场也会存在差异，由此所导致反射场进一步发生相的变化，记为 ψ。

$$r_p = \frac{E_i}{E_r} = |r_p| e^{j\psi} = \left|\frac{\tan(\alpha-\beta)}{\tan(\alpha+\beta)}\right| e^{j\psi} \tag{1.7}$$

对于反射比，它定义为反射强度的比值，由公式（1.8）描述。

$$R_p = |r_p|^2 \qquad (1.8)$$

根据 Cardona 的研究，存在两种特殊情况：如果 $\alpha + \beta = \pi/2$，那么公式（1.7）的分母就会变得非常大，R_p 趋近于 0，此时对于 p-偏振的入射光来说没有反射现象发生，这时候的入射角称为 Brewster 角；另外一种特殊情况即是当 $\alpha - \beta = \pi/2$ 时，R_p 趋近于无穷，此时即使是很小的 E_i 值也会产生较大的 E_r，即共振现象的发生。由此可以推出色散关系，当 $\alpha - \beta = \pi/2$ 时，$\cos\alpha = -\sin\beta$，并且 $\tan\alpha = k_{1x}/k_{y1} = -n_2/n_1$。对于波矢量 $k = (k_x, k_y)$，我们可以推出公式（1.9）和公式（1.10）：

$$k_x^2 = k_1^2 - k_{y1}^2 = k_1^2 - k_x^2 \frac{\varepsilon_1}{\varepsilon_2} \qquad (1.9)$$

$$k_x = \frac{\omega}{c}\sqrt{\frac{\varepsilon_1 \varepsilon_2}{\varepsilon_1 + \varepsilon_2}} \quad 和 \quad k_{yi} = \frac{\omega}{c}\sqrt{\frac{\varepsilon_1^2}{\varepsilon_1 + \varepsilon_2}} \qquad (1.10)$$

其中，ε_1 和 ε_2 分别为两种材料的介电常数，并且 $i = 1$ 或 2。公式（1.10）表示的即是在两个半无限大的材料的界面处的色散等式。

材料 2 是金属时，由于金属材料富含自由电子，因此其角频率 $\omega < \omega_p$（等离子体频率），其介电常数 $\varepsilon_2 < 0$。

$$\varepsilon_2(\omega) = 1 - \frac{\omega_p^2}{\omega^2} \qquad (1.11)$$

$$\omega_p = \sqrt{4\pi n_e e^2/m_e} \qquad (1.12)$$

其中，n_e 表示自由电子密度，e 和 m_e 分别表示电子的电荷和质量。通常来说，$\omega < \omega_p$ 的情况下，没有电磁波能够在金属介质中传播。具体情况，如果 $\varepsilon_2 < -\varepsilon_1$，$k_{yi}$ 是不存在的，而 k_x 是一个常数。此时电磁波在金属界面处存在，并沿着界面传播。消逝波部分延伸至两种材料内部。为了对消逝波的延伸

范围有一个量的认识，我们用公式（1.10）来实际计算一下。假设 $\lambda=700$ nm，$\omega=2.69\times10^{15}/s$，$\varepsilon_{gold}\approx-16$，$\varepsilon_{water}\approx1.77$，那么其在金膜-水界面处发生的表面等离子体共振所产生的消逝波延伸深度 $1/k_{y,water}=238$ nm，$1/k_{y,gold}=26$ nm。

由于 SP 场在垂直于界面的方向上是呈指数衰减的，因此只有发生在 SP 场穿入深度范围之内的介电常数的改变才能够被检测到。由于 SP 场的穿透范围是入射光波长的一半左右，因此粗略估算，SPR 传感器只对发生在距离金属表面半个入射光波长的距离范围内的分子过程较为敏感。

1.5.1.3 表面等离子体的激发

我们将公式（1.11）和公式（1.12）代入公式（1.10），可以得到界面处等离子体色散关系，如图 1.4 所示。图 1.4 中直线 a 描述了普通光的色散关系。我们可以很直接地看到，除去起点之外，直线 a 不会与曲线Ⅰ相交。也就是说，普通光不能自发地提供合适的波矢量和角频率来激发表面等离子体。

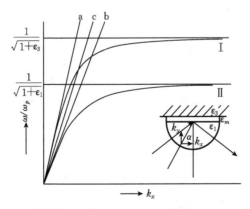

图 1.4 界面处等离子体的色散关系图

其中，解决这个问题的一个方法就是人为地引入另外一个界面，如图 1.4 中小图所示。一个金属薄膜层（介电常数为 ε_m）被电介质材料 1（介电常数为 ε_1）和电介质材料 3（介电常数为 ε_3）夹在中间，形成一个三明治结构，其中 $\varepsilon_1 > \varepsilon_3$。将 Fresnel 公式应用于这两种表面，我们可以得到两个不同界面处的色散等式，也就是两个包含有 k_x 的色散等式。通过比较我们可以发现，代表普通光在介质 1 中色散等式的直线 b 能够与金属和介质 3 表面的 SP 色散等式曲线 I 相交。这也就是说，经过介质 1 的入射光可以激发金属和介质 3 界面处的 SPs：通过改变入射角 α，可以使波矢量 $k_x = kn_1 \sin\alpha$，从而满足激发 SPs 所需要的波矢量。采用这种方法，任何位于直线 a 和 b 之间的波矢量 k_x 曲线，都能够激发表面等离子体，如图 1.4 中所示的 c 直线。这种所谓的衰减全反射技术（ATR）最初是由 Kretschmann 和 Raether 提出，并从那以后逐渐被广泛接受，并成为当前 SPR 传感器中最常见的一种激发方式。

另外一种能够提供 SPs 激发所需波矢量的方法是使用一种连续变化的金属表面，如图 1.5 所示。

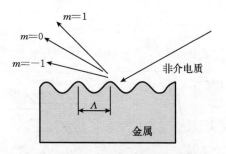

图 1.5　光栅耦合激发表面等离子体图

当入射光照射到如图 1.5 所示的界面上时，入射光会产生衍射波，平行于界面的衍射波的波矢量可以用公式（1.13）来表示，其中 Λ 表示光栅的周期。同样，$k_{x,\text{net}}$ 也可以通过改变入射角来得到满足 SPs 激发条件的 k_x。

$$k_{x,\text{net}} = k_x + m\frac{2\pi}{\Lambda} \qquad (1.13)$$

除去这两种最常用的表面等离子体激发外，还可用波导耦合（在波导的某个位置镀上一层金属，波导通过该区域时进行耦合）、强光束聚焦（由高数值孔径的显微物镜提供足够大的入射角，与金属薄膜进行耦合）和近场激发（由亚波长尺寸的探针针尖提供大于或者等于 SP 波矢量的分量而实现匹配）等方式，在此不作进一步的介绍。

1.5.1.4　SPR 传感器金属材料的选择

为获得最大的灵敏度，我们可以通过进一步提高 SPR 下沉图中 SPR 角的"尖锐度"，也就是说，我们可以通过更精确地确认得到最小反射光强度的入射角来提高系统的灵敏度。

这一过程包含对最低反射率 $R_{\min}$ 和最小共振曲线峰宽的优化。我们可以通过对金属薄膜的厚度进行优化来降低 $R_{\min}$，可以达到使 $R_{\min} \approx 0$ 的程度。如图 1.6 所示，最优的金属薄膜厚度依赖于应用波的波长，波长为 40～50 nm。图 1.6 中响应曲线的宽度主要取决于金属的介电常数。通常来说，一个较大的实部与一个较小的虚部结合起来，能够产生一个较窄的响应曲线。实际使用过程中，仅有两种金属可以选择，即金和银。如图 1.6 所示，金属银由于其介电常数的实部较大，导致它能够有较为良好的 SPR 响应；但是，银在化学性质上属惰性金属，这就给它的应用带来困难。对图 1.6 进行分析发现，激发光的波长也会对响应曲线的宽度产生影响。实际上，激发光波长越长，曲线越宽。这也是这种近红外激发的 SPR 技术备受关注的原因。然而我们也应该同时认识到，降低响应曲线宽度的同时，也会增加 SPR 的传播长度，这给 SPR 成像技术的应用带来不利的影响。

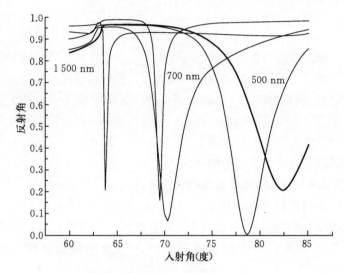

图 1.6 用不同波长的光激发 46 nm 的银（虚线）和金（实线）
表面 SPR 反射图

对于一个理想的金膜来说，我们可以计算得到，入射光从 450 nm 到 1 500 nm 的改变过程伴随着 SPs 的传播长度从 100 mm 降低到 1 mm 左右。同时值得注意的是，入射光波长的增加会导致消逝波穿透深度的增加，这会使得共振角对远离金属界面的介电常数变化更为敏感，这会引起 SPR 对表面过程产生的信号敏感性降低。

1.5.2 SPR 传感器

前文中，我们已经说明了 SPs 的传播常数对金属薄膜表面介质折射率的变化十分敏感的原理。实际生产和试验过程中，这种现象已经被用来制作精巧的传感器件，通常我们将这一类传感器统称为 SPR 传感器。它们大体主要由三部分组成：光学器件、液流系统、传感器芯片。各部分的主要功能及作用如彩图 3 所示。传感器芯片一边是液流系统（湿部），另外一边则是光学系统（干部）。不同的 SPR 传感器在液流系统或者自动化程度上存在或多或少的差异，这些差异也在不同程度上影响着传感器的性能。

　　SPR 传感器中折射率的改变是如何测量得到的？SPR 共振角的变化依赖于传感器界面处介质折射率的变化。金属薄膜表面吸附或者结合了分子之后，界面处的介质折射率就发生一定程度的改变，这就导致反射曲线发生位移（图 1.7），这种位移的变化我们可以实时观测。

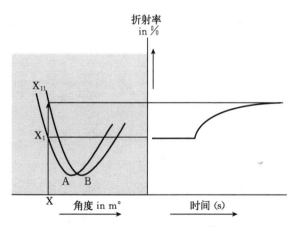

图 1.7　金属界面发生生物作用的 SPR 角度变化曲线

　　SPR 的传感图可以体现为：①反射率变化-时间图；②角度变化-时间图；③波长变化-时间图。在图 1.7 中我们给出了分子结合情况对应时间的变化图，同时以旋转过的 SPR 下沉图来作比较（图 1.8）。由于 SPR 角度的变化是生物分子相互作用过程最具代表性的因子，那么这一过程也应当遵循 SPR 下沉图的变化趋势。如图 1.7 所示，随着 SPR 反射曲线从 A 移动到 B，SPR 角度的变化如右侧曲线所示。通常情况下，我们把这种 SPR 角度随着时间的变化关系图称为 SPR 传感图。

SPR 传感图的横坐标是时间，纵坐标的量度可以是反射率的变化角度（°），或者是 SPR 角度的位移程度（RU）。由于 SPR 的响应信号与金属薄膜表面结合的蛋白质的多少呈线性相关，因此 SPR 传感器可以实现对生物分子相互作用过程的实时监测。

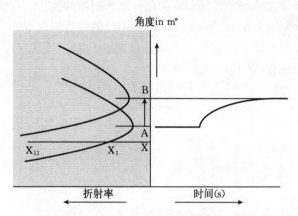

图 1.8　金属界面发生生物作用的 SPR 角度变化曲线（经旋转后）

1.6　SPR 传感器在研究生物分子相互作用方面的应用

SPR 传感器能够实时监测生物分子的相互作用，是一种免标记的分子监测技术。这个特点使得它在研究分子动力学、热力学，以及分子与分子之间作用特性等方面有着自己独特的优势。由于 SPR 的快速响应及较高的灵敏度，相比于放射性同位素标记法等传统方法，其在研究生物分子作用机制方面有着更为广阔的应用前景。SPR 的应用领域涉及蛋白-蛋白相互作用、抗原-抗体相互作用，以及受体-配体相互作用等。表面化学的进一步发展又拓宽了 SPR 的应用平台，使得这一技术可以用来检测疏水的膜蛋白受体与配体的相互作用等。下面我们简要介绍一下 SPR 技术在生物分子相互作用方面最主要的应用。

1.6.1 生物分子相互作用的动力学研究

SPR 传感器实时监测的特点，使得我们能够动态地观察两个相互作用的分子之间从形成复合物到达到平衡并进一步解离的过程。在这里，我们把这两个作用的分子分别用 A 和 B 来代表。在二者发生作用的过程中，发生了以下反应：

$$A+B \rightleftharpoons C$$

我们用 k_a 代表 A 和 B 结合生成 C 的速率，k_b 代表 C 解离为 A 和 B 的解离速率。上面的动力学公式反映了分子的结合动力学过程，这也给我们进一步研究分子结构和作用过程提供了依据。通常情况下，我们采用全局分析（global analysis）的方法来估计某个结合过程的动力学常数。全局分析法是将某一组数据的响应都用某个相同的动力学常数拟合。对一系列不同浓度的分子与生物大分子之间的相互作用来进行全局分析为我们提供了一种可靠的、能够分辨不同结合方式的分析方法。然而，在某些情况下，这种 1∶1 的模型并不能很好地拟合我们的实验结果，这与实验过程的设计有关，或许是受传质过程的影响较大。我们必须在拟合过程中考虑这类反应，并通过降低分子浓度或者加快流速的方式来尽量减少传质效应的影响。

1.6.2 生物分子相互作用的热力学研究

通过对在不同温度下发生的生物分子相互作用过程的研究，我们可以分析生物分子的热力学性质。过渡态理论描述了一个反应发生的过程是经历了一个势能较高的活化络合物的状态。图 1.9 显示了反应过程中各反应态与其吉布斯自由能之间的关系。结合过程需要较高的活化能来形成一个中间的过渡态。一个反应需要越高的活化能，那么这个反应进行得就越慢。在实际的实验设计过程中，可以通过观测不同温度下的生物分子相互作用曲线，来研究生物分子相互作用的热力学性质。通常把温度定在 4～40 ℃。

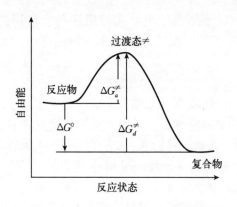

图 1.9　反应过程中的自由能变化图

　　下面我们用一个具体的例子来说明 SPR 在热力学研究方面所起的作用。图 1.10 给出了 6 种 HIV 蛋白酶抑制剂与固定在金膜表面的 HIV 蛋白之间的相互作用图，每一种抑制剂共有三个柱状图分别代表了平衡态 ΔG_a、结合态 ΔG_b、解离态 ΔG_c，而每一个状态下的自由能有三个温度（5 ℃、15 ℃、25 ℃）。不同状态下吉布斯自由能的变化反应了所形成的中间复合物的稳定性。我们可以发现，最稳定的酶-抑制剂复合物是由 Lopinavir 与 HIV 蛋白形成的（ΔG 从 -59～-52 kJ/mol），而最不稳定的酶-抑制剂复合物是由 Nelfinavir 与 HIV 蛋白形成的（ΔG 从 -50～-43 kJ/mol）。随着温度的升高，吉布斯自由能的变化程度越大，这是亲和力的进一步增强所造成的。

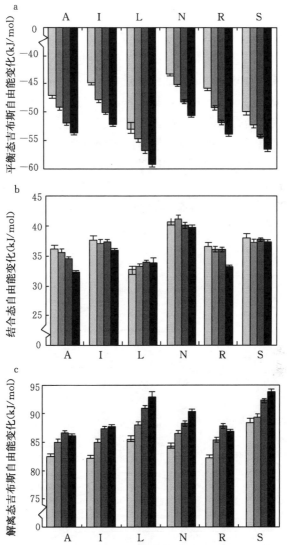

图 1.10 不同温度下不同 HIV 抑制剂与 HIV 结合的吉布斯自由能
变化

1.6.3 定性分析

除了定量地考查生物分子之间的动力学过程之外，SPR
传感器还可以定性地获取某结合过程的相关信息。通常的做法
是，将某生物分子固定在金属薄膜表面，一系列不同种类的小
分子以流动注射的方式流经其表面，可以通过观测相应信号的
变化来获得结合信息。这种方法在研究一大类分子的时候十分
方便，可以考查哪种分子能够与固定物结合。我们也给出一个
具体的例子来说明这种应用。首先，将外源性凝集素（man-
nan - binding lectin，MBL）或者无花果酶（L - ficolin）固定
在金膜表面，然后用考查不同种类的结合凝集素相关蛋白 19
（MAp19）与它们的结合情况。如图 1.11 所示，Glu^{83} 到 Ala

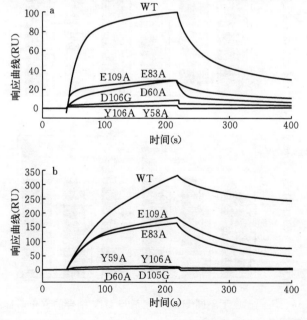

图 1.11　MAp19 与 MBL 或 L - ficolin 的相互作用的 SPR 传感图

基因序列的变异情况极大地影响着 MAp19 与 MBL 或 L - fico-lin 的平衡解离常数的大小。D60A、D105G、Y59A、Y106A，以及 E109A 位置发生变异会极大地降低 MAp19 与 MBL 或 L - ficolin 的结合。实际上，Y59A、D105G 和 Y106A 发生变异后，MAp19 与 MBL 或 L - ficolin 几乎不结合。

1.6.4 脂质体表面

SPR 传感器的应用并不局限于在水溶性的蛋白系统中。近年来，在 SPR 传感器上所作出的一个较大的突破，是研发出了一种脂溶性的表面，这给我们研究药物分子与细胞跨膜蛋白之间的相互作用提供了基础。

Biacore 公司研发的 L1 芯片，将一系列亲脂性的葡聚糖苷固定在金膜表面，为胶团和脂质体的固定提供了一个良好的表面微环境。胶团与葡聚糖苷表面结合后形成了一个流动的双分子层，而脂质体则保持完整的球状体在金膜表面（图 1.12）。利用这种技术，Karlsson 的团队研究了 78 种化合物与脂质体 POPC 之间的结合情况，优化并建立了基于固定了脂质体表面的分子筛查技术。

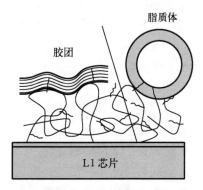

图 1.12 Biacore 公司固定了胶团和脂质体的 L1 芯片示意图

1.7 本研究拟解决问题与研究设想

羟基化多溴联苯醚（OH－PBDEs）是一类含有一个或多个溴原子的化合物，难溶于水，易溶于有机物。由于其化学性质相对稳定，它们可以在野生动物和人体内累积。PBDEs 在全球范围内的大量存在，使得 OH－PBDEs，这种 PBDEs 在环境中的典型代谢物也广泛存在。这一类污染物在环境中难以降解，并且在全球很多地方都有检出。OH－PBDEs 一部分来自大自然中各种自然源的释放，另一部分则来自动物或人体内 PBDEs 的转化。尽管某些 PBDEs 已经被列入斯德哥尔摩公约持久性有机污染物的目录中并被限制生产和使用，但是由于长期以来的大量使用，使得 PBDEs 在食物链的放大效应下，在野生动物、环境及人体内的代谢物广泛存在并且水平一直在增加。

许多实验研究证明了 OH－PBDEs 对动物健康有着不利的影响，如对甲状腺激素系统、雌激素系统和神经系统，以及生殖发育系统的影响等。目前对于 OH－PBDEs 的毒理工作主要集中在动物实验、细胞水平和亚细胞水平，而分子水平的研究相对较少，需要深入研究。而对雌激素系统的研究，尽管科学家已经对 OH－PBDEs 的雌激素干扰效应达成初步共识，但缺乏一个系统深入的研究，得到的结果也不尽相同，甚至得到相反的效应结果。因此，也需要进一步进行基础性的研究工作。

污染物通过各种途径进入人体血液之后，随着血液循环分布至全身，并在靶器官内大量富集。而污染物的毒性效应通常是通过污染物与生物靶分子之间的相互作用产生的。受体是存在于细胞膜和细胞核的对特定生物活性物质具有识别能力的蛋白质，某些污染物能够与受体直接进行相互作用，并引起一系列的识别和干扰过程，最终导致生物效应。而核受体在介导细胞与细胞之间，以及细胞内的信号传导过程具有重要的生理意义。在受体水平上研究其与污染物的相互作用，对于揭示污染物在体内的相互作用过程、发挥毒理学效应机制方面具有深刻意义。同时，也对解释污染物在动物实验中出现的效应十分重要。

SPR 技术在近年来已经发展为分析生物分子之间相互作用的重要工具。由于 SPR 技术的免标记、能实时监测的特点，它能够真实、直接地反映分子之间的相互作用，进一步避免了标记物对生物过程的影响，克服了传统分析技术的缺陷。同时，SPR 传感器能够提供高质量的实时动力学和亲和力的信息，操作简单，具有较高的灵敏度。

而同时我们应该意识到，污染物在发挥雌激素干扰效应的过程中，也可以通过其他非直接结合的方式来发挥毒性效应。因此，仅采用一种分析手段无法全面地反映这一大类的环境污染物在人体内的所有过程。必须进一步应用生物学手段来研究在实际的生物体内的效应，以期能够全面了解污染物对雌激素受体信号通路的干扰效应。

本研究尝试设计一种能直接、高灵敏度检测 OH‒PBDEs 与人雌激素受体蛋白相互作用的传感器，拟给出这种新型环境污染物在雌激素受体信号通路的相互作用情况，进而采用细胞生物学手段来研究其在生物体内的生物学效应，最后采用分子对接模拟技术来给出相应的构效关系。

2

人雌激素受体蛋白 SPR 传感器的设计以及羟基化多溴联苯醚与人雌激素受体蛋白的相互作用

2.1 引言

2.1.1 研究目的

生物体自身产生的某些功能性小分子与受外界污染源影响而进入生物体的小分子都能够与生物大分子（如受体、转运蛋白和 DNA）发生相互作用。这种相互作用在正常的生理代谢过程中十分关键，是小分子发挥生物功能的重要步骤。生物体产生的荷尔蒙就是这样一类小分子，它通过与细胞内核受体的结合来调节基因的表达。这些受体的生物学功能涉及各个方面，包括细胞生长、增殖、分化和维持体内平衡。荷尔蒙小分子进入细胞，首先与受体结合，诱导受体发生构象变化；随后，受体结合到相应的 DNA 响应原件上，启动下游基因的表达。

近 40 年来，外源性的内分泌干扰物（endocrine disrupting chemicals，EDCs）越来越引起人们的重视。这些外源性的物质主要通过四种方式来发挥其干扰效应：①在受体水平上干扰正常雌激素的结合。②通过模仿内源性雌激素的生理功能来干扰体内正常雌激素。③干扰内源雌激素的合成及代谢过程。④阻碍内源性雌激素正常功能，产生拮抗效应。关于外源性雌激素对动物和人类造成的不利影响包括生殖系统紊乱、精子数量降低、生殖能力缺陷等。而这些化合物产生雌激素效应通常不需要具有与内源性雌激素类似的结构。由于外源性雌激素干扰物结构的多样性，仅从结构上判断化合物是否具有雌激素效应是十分不准确的。而据粗略估计，在美国约有 70 000 种化合物的雌激素效应需要筛查。如此繁重的任务要求科研工作者研发出更为快速、低成本的检测技术。

2.1.2　检测配体-受体结合作用的方法

为了研究配体结合作用，科学家开发了很多分析方法。最常用的一种方法是放射性标记配体竞争检测法。这种方法将放射性同位素标记到配体小分子上，溶液中待检测的小分子和标记了放射性同位素的配体竞争结合受体，引起放射信号下降，从而能够得到待检测小分子的结合信息。这种方法对小分子配体的结构改变很小，并且灵敏度很高，因此被证实是非常可靠和有效的检测方法。但是这种分析方法对人体伤害较大，且放射性标记物通常较为昂贵，导致这种方法不能大规模使用。同时，这种方法在检测时需要将结合到分子上的标记物与游离的标记物进行物理分离，这种分离方式操作烦琐且会给检测结果带来潜在的偏差。另一种常用的研究配体-受体相互作用的分析手段是荧光竞争检测法。这种方法在均相体系中进行，检测非常简单、方便。但是，它需要将一个较大的荧光基团标记到小分子配体上，这种标记方法可能会对配体本身的结构以及某些性质造成影响，甚至会显著干扰其与受体结合的特性。

SPR 技术的快速发展及其广泛应用主要得益于其免标记、实时检测，以及能得到高质量动力学亲和信息的特点。SPR 技术的应用领域涉及检测物理变量、化学检测及分析特异性生物反应等方面，并成为研究分子相互作用的标准技术，广泛应用于生命科学和药物筛查。

SPR 检测的是发生在界面处的介质折射率的变化，因此被检测物通常需要有较大的分子质量。而由于小分子所产生的 SPR 信号较低，也给我们检测小分子（分子质量在 200 u 左右）与生物大分子之间的相互作用带来了困难，通常需要高精密度和高灵敏度的仪器。但是，近年来 SPR 技术迅速发展，以此技术为依托的传感器研发工作也取得了重大进展。Biacore 公司出产的 Biacore3000、BiacoreT100 等仪器均能达到高灵敏度检测小分子的目的。在此基础上，我们用层层组装的方式设计了能够检测人雌激素受体蛋白与 OH - PBDEs 之间的相互作用，达到探索羟基化多溴联苯醚这种新型有机污染物在雌激素受体水平上干扰行为的目的。

2.2 实验部分

2.2.1 试剂与材料

2' - OH - BDE - 003、3' - OH - BDE - 007、2' - OH - BDE - 007、4' - OH - BDE - 017、3' - OH - BDE - 028、2' - OH - BDE - 028、4 - OH - BDE - 042、4' - OH - BDE - 049、3 - OH - BDE - 047、5 - OH - BDE - 047、6 - OH - BDE - 047、2' - OH - BDE - 068、4 - OH - BDE - 090、6 - OH - BDE - 085、6 - OH - BDE - 082、6' - OH - BDE - 099、5' - OH - BDE - 099、3 - OH - BDE - 100、6 - OH - BDE - 157、6 - OH - BDE - 140、3' - OH - BDE - 154、4 - OH - BDE - 188 购自 AccuStandard 公司（New Haven，CT，USA），纯度均在 99% 以上。在本检测体系中，我们保证液流体系及 OH - PBDEs 溶液中 DMSO 含量为 3%。由于购买的 OH - PBDEs 溶解于乙腈，在实验之前我们用轻缓的纯氮气流将其吹干，并重溶在 DMSO 中待用。本实验中固定各种不同的 OH - PBDEs 溶解在 DMSO 中的浓度为 30 μmol/L。N - （3 -

二甲基氨丙基）- N'-乙基碳二亚胺盐酸盐（EDC）、N-羟基硫代琥珀酰亚胺（NHS）、抗 GST 蛋白抗体（anti-GST antibody）、GST 蛋白购自 GE 公司（Uppsala，Sweden）。带有 GST 标签的人雌激素受体 alpha 配体结合域（hERα-LBD）购自 Invitrogen 公司（Carlsbad，CA，USA）。17β-雌二醇（E_2）和 4-羟基-他莫昔芬（4-OHT）购自 Sigma Aldrich 公司（St. Louis，MO，USA）。睾酮素（Testosterone）购自 Selleck 公司（Houston，TX，USA）。

2.2.2 实验仪器

舒美水浴超声仪（KQ-250DB，40 kHz，昆山市超声仪器公司）、真空抽滤装置及滤膜（天津津腾实验设备有限公司）、纯水仪（Millipore milli-Q，Biocel 公司）、AB15pH 计（美国 Fishier Scientific 公司）、XS100 分析天平（Mettler Toleduo）、MR23i 高速离心机（Thermo Electron 公司）、ZHWY-100B 恒温摇床（上海智城分析仪器有限责任公司）。

Biacore3000 SPR 分子相互作用分析仪，具有全自动操作功能，传感芯片上有 4 个通道，该仪器如彩图 4 所示。

2.2.3 实验方法

E_2、OHT 以及 22 种 OH-PBDEs 的动力学信息的检测由 Biacore3000 SPR 传感仪来完成。使用的 CM5 芯片是一种表面修饰了羧基的金膜表面，图 2.1 给出了 CM5 芯片的结构。其中，羧基长链呈 3D 的结构堆积在金膜表面，便于用多种固定方式来结合不同种类的生物大分子。

构建传感器的第一步就是在 CM5 芯片表面固定雌激素受体蛋白。我们采用的固定方法是氨基偶联法（图 2.2）。用 NHS（0.1 mol/L）和 EDC（0.4 mol/L）活化金膜表面的羧基 7 min，活化过程选用 HBS-EP 缓冲液（0.01 mol/L

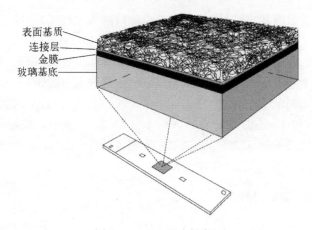

图 2.1　CM5 芯片示意图

HEPES, 0.15 mol/L NaCl, 0.005% *V/V* Surfactant P20, pH 7.4) 作为载液，流速 10 μL/min，温度恒定在 25 ℃。将抗 GST 蛋白的抗体溶解在 10 mmol/L 的醋酸钠缓冲溶液（pH5.0）中，以流动注射的方式与经过活化的金膜表面反应，反应时间为 4 min。最后，用浓度为 1 mol/L 的氨基乙醇盐酸溶液（pH8.5）来封闭金膜表面，主要是封闭没有结合抗体的氨基。

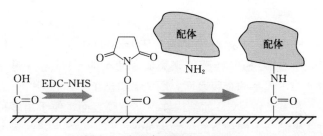

图 2.2　氨基偶联固定法原理图

构建传感器的下一步是将带有 GST 标签的人雌激素受体蛋白结合到抗 GST 体表面。但是，抗 GST 蛋白抗体表面有一部分具有高亲和力的结合位点，这些位点一旦结合了 GST 蛋白就非常难以被再生液洗脱。因此，为了实现金膜能重复利用、减少检测成本，有必要对这一部分结合位点进行封闭。我们采用的封闭液是 5 μg/mL 的重组 GST 蛋白。图 2.3 给出了整个氨基偶联和 GST 封闭的过程。封闭完成之后，用带有 GST 标签的 hERα-LBD（1.3 μmol/L）注射到芯片表面，注射时间为 5 min，流速同样为 10 μL/min，得到的 SPR 响应值约为 1 800RU。

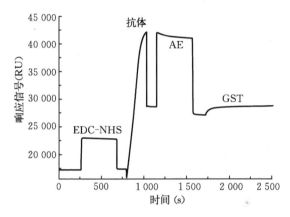

图 2.3　氨基偶联过程

在检测过程中，我们用未固定 hERα-LBD 的芯片表面作为参比通道，流速设置为 30 μL/min，体系缓冲液为含有 3% DMSO 的 PBS 溶液（20 mmol/L，pH7.4）。首先，我们先选取已知的雌激素受体激活剂 E_2 和抑制剂 OHT，以及已知不与 ER 作用的睾酮素（testosterone）来评估检测方法的准确性。由于已知的 E_2 和 OHT 能够与 hERα-LBD 相互作用而被固定在 hERα-LBD 表面，改变了金膜表面的介质折射率，从而产生 SPR 响应信号。在每次测量过程中，我们都选用空白样品（即配体浓度为 0 的样品）作进一步的对照。所有得到的 SPR 传感图数据都既扣除了参比通道的信号又扣除了空白样品的响应信号。OH‐PBDEs 溶液的配制使用 PBS 溶液（20 mmol/L，pH7.4）来逐级稀释，每个浓度的样品溶液中含有 3%的 DMSO。SPR 动力学拟合通过 BIAevaluation 软件完成，版本为 4.1，来自 Biacore 公司（GE Healthcare），拟合模型为可逆的 1∶1 结合动力学模型。最后，我们用 30μL 的甘氨酸-盐酸缓冲液（pH2.1）来实现对金膜表面 hERα‐LBD 的洗脱，以实现金膜的重复使用。从图 2.4 中我们可以看出，经过再生液洗脱之后的金膜表面抗体的活性没有遭到破坏，再次结合 hERα‐LBD 的响应信号仍然能够达到再生之前的 1 800RU 左右。

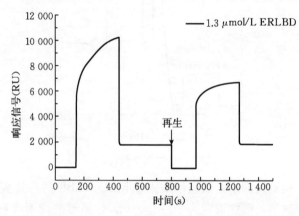

图 2.4 金膜表面 hERα‐LBD 再生图

2.3 结果与讨论

本研究致力于在分子水平上研究 OH‐PBDEs 与 ER 的相互作用，因此我们选取了 22 种不同羟基取代位置，以及不同溴原子数目取代和不同溴原子位置取代的 OH‐PBDEs，以期能得到 OH‐PBDEs 与 hERα‐LBD 相互作用的构效关系。

图 2.5 给出了激活剂 E_2 和抑制剂 4-OHT 以及 22 种 OH-PBDEs 的结构式。

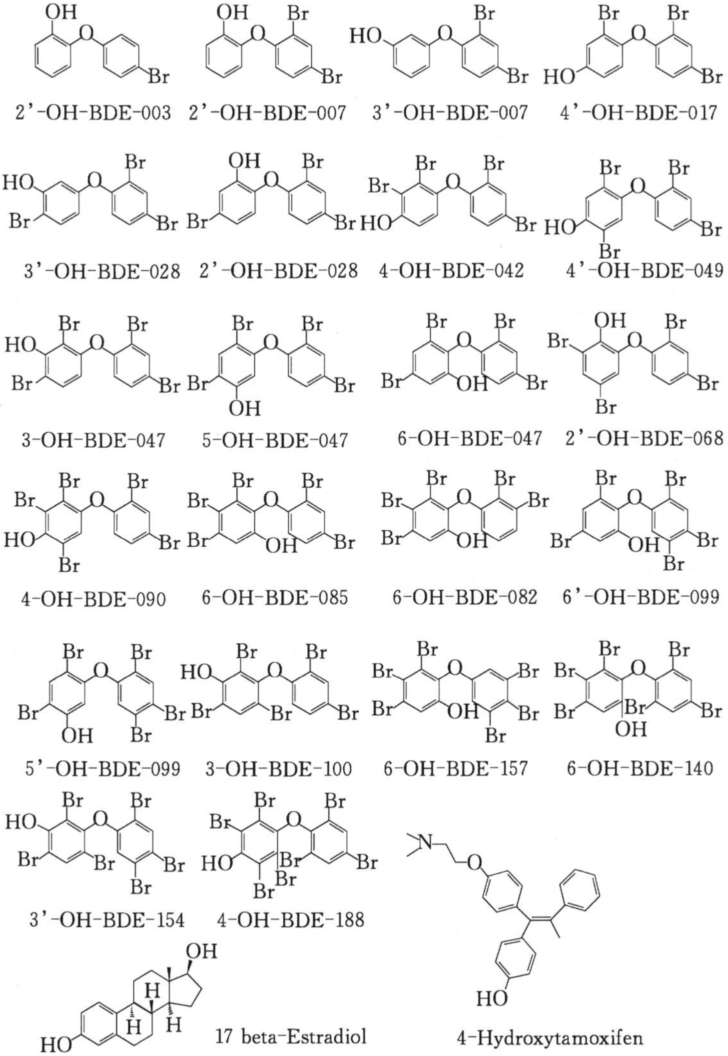

图 2.5 E_2、4-OHT 以及 22 种 OH-PBDEs 的结构式

试验过程中，首先我们配制了一系列浓度（0.46 nmol/L、1.37 nmol/L、4.12 nmol/L、12.3 nmol/L、37.0 nmol/L、111.1 nmol/L、333.3 nmol/L、1 000 nmol/L）的 E_2 和 4-OHT，并以流动注射的方式流经金膜表面，观察它们与 hERα-LBD 的结合情况，来测试检测系统的准确性。图 2.6 给出了 E_2 和 4-OHT 与 hERα-LBD 相互作用的 SPR 响应图。通过动力学拟合我们可以得到，E_2 的 K_D 值（0.35 nmol/L）与用荧光偏振方法测量得到的数据（0.60 nmol/L）、同位素竞争检测法（0.26 nmol/L）及其他 SPR 传感器所检测到的数据（0.90 nmol/L）在同一个数量级，而 4-OHT 与 hERα-LBD 结合的 K_D 值（6.9 nmol/L）也在用其他传统方法检测到的范围内（0.2~18 nmol/L）。而睾酮素与 hERα-LBD 相互作用的 SPR 响应值几乎为 0，这也进一步证实了本实验方法的准确性。

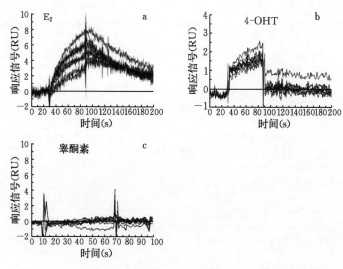

图 2.6　E_2（a）、4-OHT（b）和睾酮素（c）与 hERα-LBD 相互作用的 SPR 响应图

在证明了方法的准确性及可行性之后，我们将 30 μmol/L 的 OH-PBDEs 母液用 PBS 溶液（20 mmol/L，pH7.4）稀释至 10 μmol/L，随后将 10 μmol/L 的 OH-PBDEs 溶液用含有 3%DMSO 的 PBS 溶液来逐级稀释，确保每个浓度的样品溶液中含有与体系缓冲液相同的 DMSO 含量（3%）。最终的 OH-PBDEs 系列浓度为 1.5 nmol/L、4.6 nmol/L、13.7 nmol/L、41.2 nmol/L、123.5 nmol/L、370.4 nmol/L、1 111.1 nmol/L、3 333.3 nmol/L 和 10 μmol/L。经过对 22 种 OH-PBDEs 的筛查，我们得到 7 种能直接与 hERα-LBD 相互作用的 OH-PBDEs，它们分别为 2-OH-BDE-007、4'-OH-BDE-017、3'-OH-BDE-028、6-OH-BDE-047、4'-OH-BDE-049、6'-OH-BDE-099 和 5'-OH-BDE-099。它们的 SPR 响应曲线如图 2.7 所示。其他 15 种 OH-PBDEs 与 hERα-LBD 相互作用的 SPR 响应曲线信号值都在 0 附近，其响应曲线与 Testosterone 和 hERα-LBD 相互作用的响应曲线相同。我们认为，这些 OH-PBDEs 与 hERα-LBD 不存在相互作用。

通过这 7 种 OH-PBDEs 的 SPR 响应曲线可以看出，它们与 hERα-LBD 的结合均是快速达到结合平衡并迅速解离，这与 E_2 和 hERα-LBD 的结合不同（结合与解离过程都需要经过一段较长的时间），同时也暗示 OH-PBDEs 与 hERα-LBD 的相互作用是一种较弱的结合。

同样地，我们对 OH-PBDEs 的 SPR 响应曲线进行了动力学拟合，并将所得到的吸附反应速率常数 k_a、解离反应常数 k_d、解离平衡常数 K_D 和相对 E_2 的结合能力（RBA）汇总在一起，如表 2.1 所示。经过计算，OH-PBDEs 的 K_D 值在 2.98×10^{-6} 至 1.46×10^{-7} 之间，这 7 种能与 hERα-LBD 相互作用的 OH-PBDEs 与 hERα-LBD 结合能力的强弱关系为 6-OH-BDE-047$\geqslant$4'-OH-BDE-049$>$4'-OH-BDE-

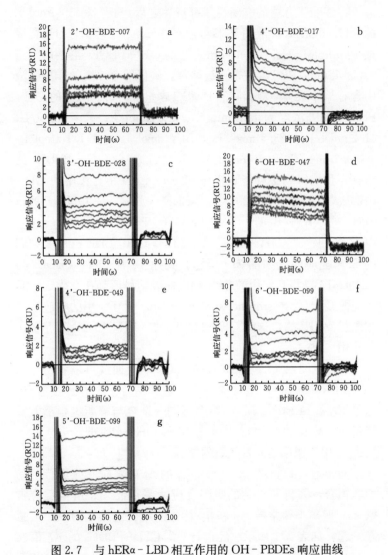

图 2.7　与 hERα‑LBD 相互作用的 OH‑PBDEs 响应曲线

017＞6'‑OH‑BDE‑099≥5'‑OH‑BDE‑099＞2'‑OH‑BDE‑007＞3'‑OH‑BDE‑028。其中值得注意的是，4 溴代

的 6 - OH - BDE - 047 和 4'- OH - BDE - 049 的结合能力最强,分别达到 ER 天然配体 E_2 亲和力的 0.24% 和 0.21%。这两种 4 溴代 OH - PBDEs,以及 3 溴代的 4'- OH - BDE - 017 与 ERα 的结合能力同样也在 Feliciano 和 Bigsby 的研究中得到确认,他们用放射性同位素标记竞争检测的技术手段研究了 DE - 71 这种 PBDEs 混合物在小鼠肝微粒体中的代谢产物与重组 ERα 蛋白的结合。与他们的研究结果相比,我们测得的 6 - OH - BDE - 047、4'- OH - BDE - 049 和 4'- OH - BDE - 017 的 RBA 较高。这种不同可能与检测方法相关。

表 2.1　小分子配体与 hERα - LBD 相互作用的动力学数据

配　体	溴原子取代位	k_a [L/(mol·s)]	k_d (s)	K_D (mol/L)	相对结合能力 (%)
E_2	—	1.91×10^7	6.64×10^{-3}	3.47×10^{-10}	100.00
4 - OHT	—	1.75×10^3	1.00×10^{-5}	5.73×10^{-9}	6.06
2'- OH - BDE - 007	2, 4	3.36	1.00×10^{-5}	2.98×10^{-6}	0.012
4'- OH - BDE - 017	2, 2', 4	13.50	1.00×10^{-5}	7.39×10^{-7}	0.047
3'- OH - BDE - 028	2, 4, 4'	8.48	6.70×10^{-5}	7.90×10^{-6}	0.004
4'- OH - BDE - 049	2, 2'4, 5'	59.2	1.00×10^{-5}	1.69×10^{-7}	0.21
6 - OH - BDE - 047	2, 2', 4, 4'	68.5	1.00×10^{-5}	1.46×10^{-7}	0.24
6'- OH - BDE - 099	2, 2'4, 4', 5	7.04	9.93×10^{-6}	1.41×10^{-6}	0.025
5'- OH - BDE - 099	2, 2'4, 4', 5	5.87	1.00×10^{-5}	1.70×10^{-6}	0.020

2.4　本章小结与展望

在研究 OH - PBDEs 对雌激素受体信号通路上的干扰效应过程中,我们首先开发了一种基于 SPR 技术的生物传感器,通过层层组装的方式建立了一种可再生的、较为灵敏的体外筛查技术，并首次得到了 7 种 OH - PBDEs 与 hERα - LBD 相互作用的动力学信息。虽然所有的体外试验得到的结果需要进一步的生物实验的确认，我们所建立的传感器仍然提供了一种可以信赖的、快速的筛查模式。相信这种传感器也可以应用于其他化合物雌激素效应的筛查。此外，我们设计 SPR 传感器的理念也可以扩展到其他的受体，为我们研究环境污染物对其他受体介导的信号通路的影响提供了一个可以利用的新的模式。

流行病学关于 OH - PBDEs 对普通人群影响的调查研究还很少。根据 Athanasiadou 等人（Athanasiadou 等，2007）的研究结果，在 Nicaragua 的 Managua 地区垃圾堆放地附近生活的儿童血液样本中检出了 6 种 OH - PBDEs（4' - OH - BDE - 017、6 - OH - BDE - 047、3 - OH - BDE - 047、4' - OH - BDE - 049、4 - OH - BDE - 042、4 - OH - BDE - 090）。同时，5' - OH - BDE - 099、6' - OH - BDE - 099 和 2' - OH - BDE - 028 也被证实能在人体血液中富集。我们建立的 SPR 筛查体系得到的动力学数据可以为多种 OH - PBDEs 在人体内发挥复合生物学效应提供定量依据。

配体结合到受体上，是 ER 受体信号通路调节机制的第一步。然而，在生物体系内，这种结合能否成功诱导受体产生相应的构象变化，并调节靶基因的转录，从而导致对生物体的内分泌干扰效应？带着这些问题，我们进行了接下来的研究。

3

OH‑PBDEs 在人乳腺癌细胞内对 ER 信号通路的干扰效应

3.1 引言

近年来，人类在生产过程中制造了大量的化学物质，其中有些物质表现出对内分泌系统的干扰效应，这一现象引起了人们的警觉。内源雌激素通过与雌激素受体的直接相互作用，进一步结合到雌激素受体响应元件上，并诱导下游基因的表达，生成一系列蛋白和 RNA 物质，对细胞的增殖、分化和发育起到了调控作用。尽管对内分泌干扰物（EDCs）的体外筛查技术已经伴随着 SPR 等新技术的兴起得到了基本的满足，但更值得我们关注的是，污染物与雌激素受体的结合在生物体系内是否能够导致相关的生理变化，即是否能够表现出显著的内分泌干扰效应。鉴于 EDCs 物质结构复杂、种类繁多的特点，其在生物体系内的筛查工作也需要一种灵敏、高效、低成本的检测手段。

很多组织和机构对这一类化学物质的筛查及测试工作都高度重视，如美国环境保护局（USEPA）成立了专门的内分泌干扰物筛查和测试顾问委员会（Endocrine Disruptor Screening and Testing Advisory Committee，EDSTAC），经济合作与发展组织（OECD）也出台了用以评估内分泌干扰物的一系列分析和测试方法。在这两个机构搭建的分析框架中，报告基因检测体系作为第一级别的筛查手段被摆在了非常重要的位置。

尽管已有学者采用报告基因检测体系，如 ER－CALUX、BG1 Luc4E2 等对 OH－PBDEs 的雌激素活性进行检测，但是由于考查 OH－PBDEs 的种类较少，无法得到系统的结果，也归纳不出 OH－PBDEs 对雌激素受体信号通路干扰效应的构效关系。因此，我们系统考查了 22 种不同羟基取代位置以及不同溴原子取代数目和位置的 OH－PBDEs 的生物学效应，以期能得到完整的构效关系信息。

本研究所采用的生物学效应检测体系是 MVLN 报告基因检测体系，是 Pons 等人构建的一种反转录细胞模型，它是稳转了 pVit－tk－Luc 质粒的人乳腺癌细胞（MCF－7），也就是用一种既大量表达雌激素受体蛋白，又含有雌激素响应元件基因的细胞，通过检测经过暴露污染物之后报告基因所表达荧光素酶蛋白量的变化（增加或降低），来指示污染物对雌激素受体信号通路的影响（激活或抑制）。荧光素酶作为报告者被广泛使用，是因为该蛋白具有不需要翻译后加工、高量子产率以及检测耗时段等优点。反转录检测体系是我们考查化合物雌激素活性的重要手段，同时也在大规模筛查具有雌激素活性的污染物方面起到了非常大的作用。

尽管这种检测体系已经被我们大规模使用，但是很少有人深入探讨这个筛查体系的局限性。雌激素受体和配体结合的体外分析手段，其局限性往往集中在蛋白质修饰过程中对蛋白质活性的影响方面，而在细胞内进行的反转录体系，得到的实验结果往往受多方面的干扰，如细胞毒性、细胞功能性的差异，以及污染物结合雌激素受体能力的差异等。Freyberger 和 Schmuck 的研究结果系统地评估了 MVLN 细胞荧光素酶报告体系，发现某些具有抗雌激素活性的污染物能够显著降低荧光素酶的表达。但是，这些污染物却没有表现出与雌激素受体的结合能力。这也告诉我们，任何一种检测手段都具有自己的局限性，通过反转录检测体系得到的实验结果（污染物的激活或者抑制效应）必须通过其他分析方法进一步验证。

　　本研究的宗旨在于考查 OH－PBDEs 对雌激素受体信号通路的影响。上一章我们构建的 SPR 传感器检测体系已经在体外给我们提供了 OH－PBDEs 与 hERα－LBD 的结合信息，这一章将提供给我们这些 OH－PBDEs 在生物体内的效应信息。这两种分析手段的结合，既可以弥补彼此的不足，又可以提供给我们关于 OH－PBDEs 在雌激素受体通路上干扰行为的更为全面、可靠的信息。

3.2　实验部分

3.2.1　试剂与材料

　　2'－OH－BDE－003、3'－OH－BDE－007、2'－OH－BDE－007、4'－OH－BDE－017、3'－OH－BDE－028、2'－OH－BDE－028、4－OH－BDE－042、4'－OH－BDE－049、3－OH－BDE－047、5－OH－BDE－047、6－OH－BDE－047、2'－OH－BDE－068、4－OH－BDE－090、6－OH－BDE－085、6－OH－BDE－082、6'－OH－BDE－099、5'－OH－BDE－099、3－OH－BDE－100、6－OH－BDE－157、6－OH－BDE－140、3'－OH－BDE－154、4－OH－BDE－188 均购自 AccuStandard 公司（New Haven，CT，USA），它们的纯度均在 99％以上，结构式如图 2.5 所示。由于购买的 OH－PBDEs 溶解于乙腈，在实验之前我们用轻缓的纯氮气流将其吹干，并重溶在 DMSO 中待用。在细胞实验中，为减少 DMSO 的影响，我们保证其含量在 1‰以下。17β－雌二醇（E_2）和 4－羟基-他莫昔芬（4－OHT）购自 Sigma Aldrich 公

司（St. Louis，MO，USA）；DMEM 高糖培养基、DMEM 无酚红培养基、胰酶（含 EDTA）和无酚红胰酶（含 EDTA）均来自 Cellgro 公司（Manassas，VA，USA）；胎牛血清、链霉素-青霉素和左旋谷氨酰胺来自 Gibco 公司（Grand Island，NY，USA）；去激素的胎牛血清（dextran - charcoal - treated FBS）购买自 Hyclone 公司（Logan，UT，USA）；WST - 1 {4 -［3 - (4 - lodophenyl) - 2 - (4 - nitrophenyl) - 2H - 5 - tetrazolio］- 1,3 - benzene disulfonate} 细胞活性试剂盒购自 Roche Diagnostics 公司（Mannheim，Germany）；细胞荧光素酶检测试剂盒购自 Promega 公司（Madison，WI，USA）；检测荧光素信号的白色 96 孔板（低雌激素背景信号）购自 Packard Istrument 公司（Boston，MA，USA）。

3.2.2　实验仪器

细胞培养箱为 Thermo electron corporation（HEPA Class100）；检测荧光素酶活性的酶标仪购自 Thermo Fisher Scientific 公司（Waltham，MA，USA），型号 4.00.51。

3.2.3　实验方法

3.2.3.1　MVLN 细胞培养

MVLN 细胞由于对雌激素快速灵敏的响应而被广泛应用于对环境雌激素类似物的筛查。本书所涉及的工作使用的 MVLN 细胞由密歇根州立大学（Michigan State University，East Lansing，MI，USA）的 J. P. Giesy 教授所赠。

MVLN 细胞培养所用培养基由杜氏改良培养基（Dulbecco's Modified Eagle's Medium，DMEM）、10% 胎牛血清、100 IU/mL 链霉素-青霉素和 2 mmol/L 左旋谷氨酰胺配置而成，细胞种植在 10 cm 培养皿中后，放置在 37 ℃ 细胞培养箱中，并保持 5% 的 CO_2 供应量。细胞传代周期在 4 d 左右。

3.2.3.2 MVLN 细胞暴露实验

细胞在培养皿中培养 24 h 之后，将培养基换成无酚红 DMEM 培养基继续放置在培养箱中，无酚红 DMEM 培养基中含有 2% 去激素的胎牛血清，100 IU/mL 链霉素-青霉素和 2 mmol/L 左旋谷氨酰胺。用这种方法配置的培养基几乎不含雌激素，在其中将细胞饥饿 48 h，目的是进一步降低背景中的雌激素含量。在培养皿中饥饿 48 h 之后，用溶解在 HBSS 缓冲液（Hank's Balanced Salt Solution，8 g/L NaCl，0.4 g/L KCl，1 g/L glucose，60 mg/L KH_2PO_4，47.5 mg/L Na_2HPO_4，pH 7.2）中的无酚红胰酶（含 EDTA）将细胞转移到 96 孔板中，保持每个孔中的细胞密度为 3×10^4 个。在 96 孔板中继续饥饿 48 h 后，用不同浓度的污染物暴露 2 d，暴露后将细胞裂解，立即用荧光素酶试剂盒来检测每个孔产生的荧光信号并及时记录。所用酶标仪的积分时间为 10 s。

在本次实验中，我们首先考查了 E_2 和 4-OHT 在 MVLN 细胞内的生物学效应。其中，E_2 的浓度在 $10^{-13} \sim 10^{-9}$ mol/L，4-OHT 的浓度为 $10^{-12} \sim 10^{-6}$ mol/L，均通过饥饿培养基逐级稀释得到。我们将 OH-PBDEs 的最大浓度定位 10 μmol/L，目的是进一步降低细胞毒性效应对实验结果的影响。每一种 OH-PBDEs 的浓度梯度均为 10 μmol/L、3.3 μmol/L、1.1 μmol/L、0.37 μmol/L、0.12 μmol/L、0.042 μmol/L、0.013 μmol/L、0.004 6 μmol/L，不同浓度的 OH-PBDEs 由饥饿培养基稀释得到。实验过程中，为了保证实验结果可靠性，每次实验都用不同浓度 1 nmol/L、0.1 nmol/L、0.01 nmol/L、0.001 nmol/L 的 E_2 做阳性对照，10 nmol/L 的 OHT 做阴性对照，用仅含 0.1% DMSO 的无酚红培养基做空白对照。对于不同种类的 OH-PBDEs，都至少进行了 2 次不同的独立实验，每次实验至少保证 3 次重复。本章给出的实验结果是选取了一次独立的具有代表性的实验结果。共孵育实验是将不同浓度下的 OH - PBDEs 与 15 pmol/L E_2 一起孵育得到的荧光素酶表达量的响应，对细胞的培养及测试方法与 OH - PBDEs 单独孵育时保持一致。

3.2.3.3 细胞活性实验

细胞活性实验中细胞的培养和暴露过程与 3.2.3.1 和 3.2.3.2 一致。不同的是，在细胞暴露完成之后，将 96 孔板中的培养基吸去，将 WST - 1 用饥饿培养基以 1：10 的比例稀释，每个孔中加入 200 μL 稀释后的 WST - 1 溶液，在细胞培养箱中孵育 4 h。最后，用酶标仪检测 440 nm 处的吸光度，通过比较暴露细胞与空白对照之间的差异来判断细胞活性。

WST - 1 细胞增殖及细胞毒性检测试剂盒是一种广泛应用于细胞增殖和细胞毒性的快速高灵敏度检测试剂盒。WST - 1 是一种类似于 MTT 的化合物，在电子耦合试剂存在的情况下，可以被线粒体内的一些脱氢酶还原生成橙黄色的甲瓒（formazan）（图 3.1）。细胞增殖越多越快，则颜色越深；细胞毒性越大，则增殖越小越慢，颜色就越浅。与

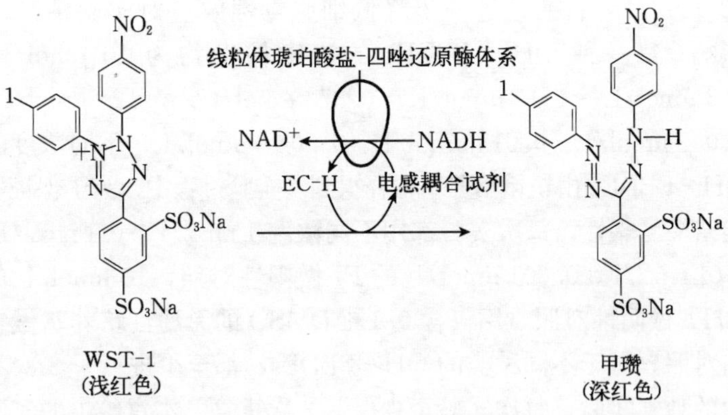

图 3.1　四唑盐 WST - 1 被剪切成甲瓒（formazan）的过程

MTT 等传统方法相比，WST - 1 检测体系产生的 formazan 是水溶性的，不需要用有机试剂进一步溶解，简化了操作步骤，并具有实验结果更稳定、线性范围更宽、灵敏度更高等特点。

除去用 WST - 1 细胞活性试剂盒来检测细胞活性之外，在细胞培养过程中，我们定期用显微镜观察细胞的结构和状态，一旦细胞出现皱缩或其他功能性异常状态，说明在该暴露浓度下的细胞已经出现不同程度的毒性效应。

3.2.3.4 数据分析方法

所有的细胞实验结果都用平均值±标准偏差的方式来表示。我们用单向方差分析（one - way analysis of variance, ANOVA）和 t 检验来评估结果是否存在显著性差异。显著性差异出现的条件为 $P \leqslant 0.05$。

OH - PBDEs 的雌激素活性按照公式（3.1）来计算。

$$E(\%) = \left(\frac{L_{test} - L_{control}}{L_{E_2} - L_{control}} \right) \times 100 \qquad (3.1)$$

其中，E 是按照百分数来表示的雌激素活性，L_{test}、$L_{control}$、L_{E_2} 分别表示测试化合物、0.1% DMSO 空白对照、1 nmol/L E_2 的荧光素酶表达量的平均值。

雌激素效应-浓度响应曲线按照公式（3.2）来进行拟合，其中 y 表示雌激素响应信号值；x 是浓度的 log 变换值；EC_{50} 表示达到最大响应信号一半所对应的浓度。

$$y = minimum + (maximum - minimum)/$$
$$[1 + (x/EC_{50})^{Hill\ slope}] \qquad (3.2)$$

EC_{20} 值则根据公式（3.2）得到的 EC_{50} 代入公式（3.3）得到：

$$EC_X = [x/(100 - x)]^{(1/Hill\ slope)} \times EC_{50} \qquad (3.3)$$

所有的实验结果都是由 Origin 软件（8.0 版本；Origin-Lab Inc.，Northampton，MA，USA）分析得到。

3.3 结果与讨论

3.3.1 细胞活性实验

利用 WST-1 检测体系，我们检测了 22 种 OH-PBDEs 在不同浓度下（10 μmol/L、3.3 μmol/L、1.1 μmol/L）对 MVLN 细胞的毒性效应。

如图 3.2 所示，在测试浓度范围内，仅有两种高溴代的 OH-PBDEs 在 10 μmol/L 的时候表现出显著的细胞毒性效应，它们分别是六溴代的 3'-OH-BDE-154 和 7 溴代的 4-OH-BDE-188。在接下来的细胞实验中，10 μmol/L 浓度下 3'-OH-BDE-154 和 7 溴代的 4-OH-BDE-188 的实验结果不列入讨论范围之内。

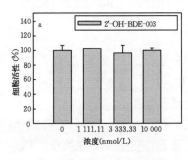
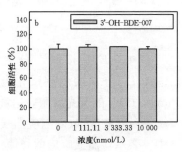
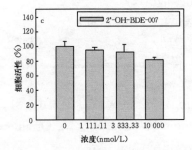
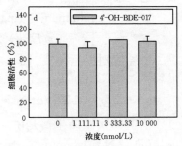

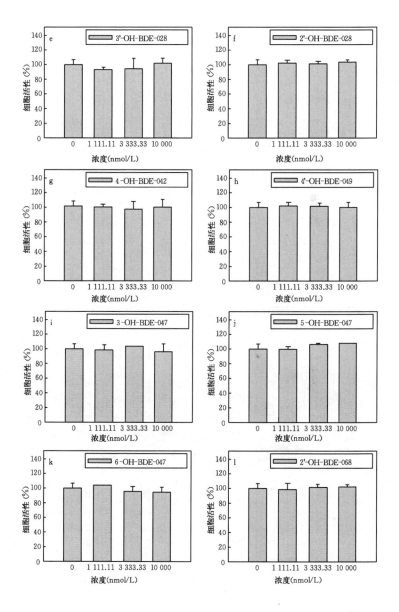

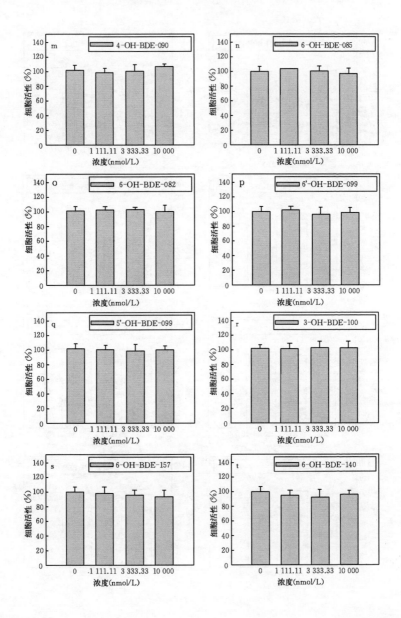

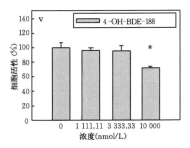

图 3.2 与空白对照（0 μmol/L）相比，22 种 OH - PBDEs 在不同浓度
　　　下（10 μmol/L、3.3 μmol/L、1.1 μmol/L）对 MVLN 细胞产
　　　生的毒性效应（* $P \leqslant 0.05$）

3.3.2 OH - PBDEs 单独暴露实验

在考查 OH - PBDEs 的雌激素活性之前，我们对 E_2 和 4 - OHT 在 MVLN 细胞中的生物学效应进行了考查，得到如图 3.3 所示的实验结果。

经过计算，E_2 的 EC_{50} 值为 15 pmol/L，4 - OHT 在 10 nmol/L 时达到最大的抑制效应。这与文献报道一致，也验证了实验体系的可靠性。

然后，我们用 MVLN 荧光素酶报告体系对所有 22 种 OH - PBDEs 的雌激素活性进行了考查，将不同浓度（10 μmol/L、3.3 μmol/L、1.1 μmol/L、0.37 μmol/L、0.12 μmol/L、0.042 μmol/L、0.013 μmol/L、0.004 6 μmol/L）的 OH - PBDEs 与 MVLN 细胞孵育，得到了两种不同的效应结果。有 10 种 OH - PBDEs 表现出对 MVLN 细胞雌激素受体信号通路的激活效应（图 3.4），即与空白对照组相比，荧光素酶表达量随着浓度的升高而上升。

通过对这 10 种 OH - PBDEs 的荧光素酶响应曲线分析可以看出，OH - PBDEs 能在微摩尔的浓度下诱导 MVLN 细胞

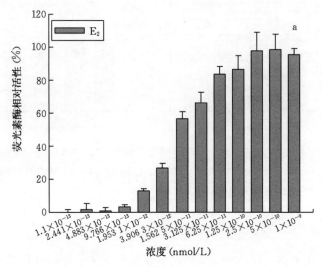

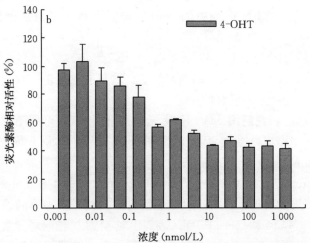

图 3.3 E₂ 和 4 - OHT 在 MVLN 细胞中的生物学效应（图 a 将空
　　　白对照组的荧光素酶表达量设为 0；图 b 将空白对照组的
　　　荧光素酶表达量设为 100%）

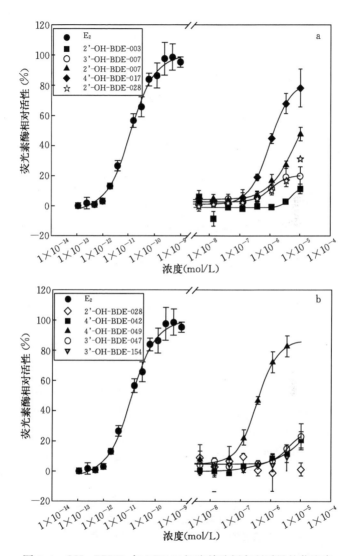

图 3.4 OH - PBDEs 与 MVLN 细胞单独孵育所诱导的荧光素酶表达量响应曲线 [荧光素酶表达量由公式 (3.1) 计算得到]

产生雌激素效应，但与 E_2 相比，它们的雌激素活性仅为后者的 $1/10^7 \sim 1/10^5$。我们进一步对这 10 种 OH-PBDEs 的 EC_{20} 值进行计算［根据公式（3.3）］并比较（表 3.1），发现在这 10 种 OH-PBDEs 中，有 6 种 OH-PBDEs 具有较为明显的雌激素激活性，它们分别是 4'-OH-BDE-049＞4'-OH-BDE-017＞2'-OH-BDE-007＞3'-OH-BDE-028＞3-OH-BDE-047≥3'-OH-BDE-007。另外，4 种 OH-PBDEs 的激活效应低于 E_2 最大激活效应的 20%，无法计算 EC_{20} 值，它们是 2'-OH-BDE-003、2'-OH-BDE-028、4-OH-BDE-042 和 3'-OH-BDE-154。

表 3.1 对图 3.5 中单独孵育时 OH-PBDEs 的雌激素活性的计算

配　体	溴原子取代位	EC_{20}^{a} (mol/L)	相对活性[b] (%)
E_2	—	3.44×10^{-12}	100
2'-OH-BDE-003	4	NA[c]	—
3'-OH-BDE-007	2,4	7.06×10^{-6}	4.9×10^{-5}
2'-OH-BDE-007	2,4	2.20×10^{-6}	1.6×10^{-4}
4'-OH-BDE-017	2,2',4	4.00×10^{-7}	8.6×10^{-4}
3'-OH-BDE-028	2,4,4'	4.10×10^{-6}	8.4×10^{-5}
2'-OH-BDE-028	2,4,4'	NA	—
4-OH-BDE-042	2,2'3,4'	NA	—
4'-OH-BDE-049	2,2'4,5'	1.08×10^{-7}	3.2×10^{-3}
3-OH-BDE-047	2,2'4,4'	6.53×10^{-6}	5.3×10^{-5}
3'-OH-BDE-154	2,2',4,4',5,6'	NA	—

注：[a] 表示达到雌激素诱导下荧光素酶最大值的 20% 所对应的浓度。

[b] 表示用相对活性，用羟基化多溴联苯醚诱导下的荧光素酶活性值除以雌激素诱导下的荧光素酶最大值的 20%。

[c] NA 表示检测不到，由于值太小，无法计算 EC_{20}。

　　通过总结这 10 种 OH-PBDEs 在 MVLN 细胞内的效应得

到，无论激活效应强弱，这一类的 OH‐PBDEs 均为低溴代的 OH‐PBDEs（一溴代、二溴代、三溴代和部分四溴代）。其中，有 4 种 OH‐PBDEs（4'‐OH‐BDE‐049、4'‐OH‐BDE‐017、2'‐OH‐BDE‐007、3'‐OH‐BDE‐028）在上一章的 SPR 检测体系中被证实能够与 hERα‐LBD 相互作用，同时它们与 hERα‐LBD 的结合强弱关系（4'‐OH‐BDE‐049＞4'‐OH‐BDE‐017＞2'‐OH‐BDE‐007＞3'‐OH‐BDE‐028）与其在生物体系内产生的雌激素激活效应呈正相关。这暗示我们，OH‐PBDEs 的确能够通过与 ER 直接结合的方式来激活这一信号通路，并在生物体系中表现出相应的激活效应。

在 OH‐PBDEs 与 MVLN 细胞单独孵育的实验中我们发现，有一类 OH‐PBDEs 能够抑制 MVLN 细胞背景中的雌激素活性，表现为暴露了微摩尔浓度下的 OH‐PBDEs 后，其荧光素酶表达量低于空白对照。它们的荧光素酶活性曲线如图 3.5 所示。

这一类 OH‐PBDEs 共有 12 种，它们分别为 6‐OH‐BDE‐047、5‐OH‐BDE‐047、2'‐OH‐BDE‐068、4‐OH‐BDE‐090、6‐OH‐BDE‐082、6‐OH‐BDE‐085、6'‐OH‐BDE‐099、5'‐OH‐BDE‐099、3‐OH‐BDE‐100、6‐OH‐BDE‐140、6‐OH‐BDE‐157 和 4‐OH‐BDE‐188，均为高溴代的 OH‐PBDEs（五溴代、六溴代、七溴代和部分四溴代）。其中，6‐OH‐BDE‐099、5'‐OH‐BDE‐099 和 6'‐OH‐BDE‐099 与 hERα‐LBD 的结合也被我们建立的 SPR 检测体系观察到。除了这 3 种 OH‐PBDEs 外，还有 9 种 OH‐PBDEs 能以其他方式达到对 MVLN 细胞内 ER 通路的抑制效应。这暗示我们，除直接与 hERα‐LBD 相互结合外，OH‐PBDEs 还能够通过与 MVLN 细胞内的其他信号通路相互作用，间接调控 ER 信号通路，并抑制相关蛋

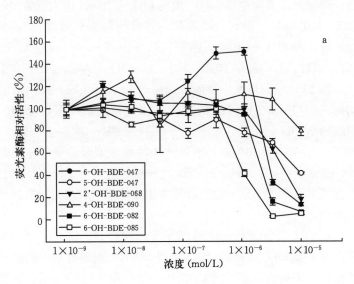

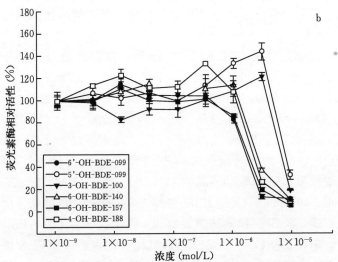

图 3.5　OH‐PBDEs 与 MVLN 细胞单独孵育所诱导
的荧光素酶表达量抑制曲线

白的表达。这一类 OH－PBDEs 作为疑似雌激素受体抑制剂，它们对 MVLN 细胞中雌激素受体信号通路的抑制效应在共孵育实验中进一步被考查。

3.3.3 与 15 pmol/L 浓度下的 E_2 共孵育实验

在单独孵育实验中，我们计算得到 E_2 诱导 MVLN 细胞雌激素活性的 EC_{50}（引起 50% 最大效应的浓度）值约为 15 pmol/L，通过与该浓度下的雌激素受体天然配体 E_2 共孵育，我们可以进一步考查 OH－PBDEs 在生物体系内对生物体正常的雌激素受体信号通路的干扰效应。

实验过程中，我们用不同浓度的 4－OHT 与 15 pmol/L 的 E_2 共孵育，得到的结果如图 3.6（a），随着 4－OHT 浓度的升高，细胞由 15 pmol/L 的 E_2 诱导的雌激素效应不断降低，在 10^{-8} mol/L 时达到最大抑制效应。因此我们选取这个浓度下的 4－OHT＋1 nmol/L 的 E_2、空白对照（solvent control，0.1% DMSO）、15 pmol/L 的 E_2、1 nmol/L 的 E_2 一起作为对照组来对我们的实验过程进行质量控制，得到的结果如彩图 5（b）所示。

为了能集中显示 OH－PBDEs 的不同效应，我们仅选取了 3 个 OH－PBDEs 浓度（10 μmol/L、3.3 μmol/L、1.1 μmol/L）与 15 pmol/L E_2 孵育的结果进行相互比较，结果如图 3.6 所示。

由图 3.6 可以看出，有 6 种 OH－PBDEs（2'－OH－BDE－007、4'－OH－BDE－017、3'－OH－BDE－028、4－OH－BDE－042、3－OH－BDE－047、4'－OH－BDE－049）能够进一步提高 MVLN 细胞的荧光素酶表达量。这些低溴代的 OH－PBDEs，除 4－OH－BDE－042 之外，在单独孵育实验中都显示出了不同程度的雌激素活性（图 3.4）。另外 4 种 OH－PBDEs（2'－OH－BDE－003、3'－OH－BDE－007、

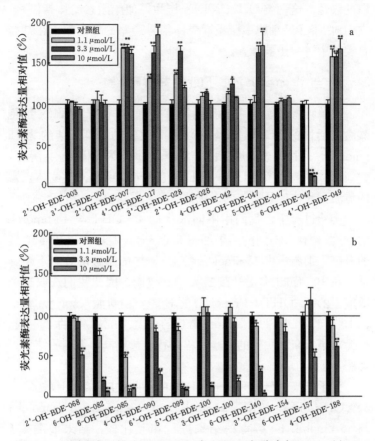

图 3.6 不同浓度下的 OH-PBDEs 在 MVLN 细胞中与 15 pmol/L E₂
共孵育诱导的荧光素酶表达量（对照组的荧光素酶表达量设
为 100%，* $P<0.05$，** $P<0.01$）

2'-OH-BDE-028、5-OH-BDE-047）由于雌激素活性较
弱，无法进一步提高 15 pmol/L E₂ 暴露下 MVLN 细胞的荧光
素酶表达量。

对于剩下的 12 种 OH-PBDEs，与 15 pmol/L E₂ 共孵育
时均能够不同程度地降低荧光素酶表达量。这 12 种 OH-

PBDEs 在单独孵育时就已经表现出对 MVLN 细胞本底信号的抑制效应，且均是高溴代的 OH-PBDEs（五溴代、六溴代、七溴代及部分四溴代）。至此，这 12 种 OH-PBDEs 对 MV-LN 细胞内的 ER 信号通路的抑制效应已经得到证实。但是我们发现，其中仅有 3 种 OH-PBDEs（6-OH-BDE-099、5'-OH-BDE-099 和 6'-OH-BDE-099）在 SPR 实验中表现出与 hERα-LBD 的结合，此外还有 9 种 OH-PBDEs 能以其他方式达到对 MVLN 细胞内 ER 通路的抑制效应。我们进一步计算了这些具有抑制效应的 OH-PBDEs 的 IC_{50}（被测量的颉颃剂的半抑制浓度）值，结果如表 3.2 所示，发现这 12 种 OH-PBDEs 的 IC_{50} 集中在 $10^{-6} \sim 10^{-5}$ mol/L，为抑制药物分子 OHT 的 $1/60 \sim 1/20$。值得注意的是，OH-PBDEs 之间的抑制能力差异并不显著。这暗示我们，在排除了细胞毒性效应影响之后，以非结合的方式达到的抑制效应与通过和 hERα-LBD 结合的方式达到的抑制效应强度相当，这种非结合的方式是什么？已有的研究表明，这些方式可能包括对 ER 二聚体形成过程的影响，对 ER/DNA 结合的影响，以及对共激活因子招募过程的干扰等。Ibhazehiebo 的课题组在 2011 年证实了 PBDEs 能够通过将甲状腺激素受体（thyoid hormone，TR）离解开 DNA 响应元件的方式来干扰甲状腺受体信号通路。鉴于 PBDEs 和 OH-PBDEs 结构上的相似性，可以推断 OH-PBDEs 也可能通过类似的方式来干扰 ER 受体信号通路，但是这种推断需要我们更加深入的工作才能得到证实。

表 3.2 共孵育实验中 OH-PBDEs 对 15 pmol/L E_2 的抑制效应

配 体	溴原子取代位	IC_{50}^a （mol/L）
OHT	—	1.09×10^{-7}
6-OH-BDE-047	2,2',4,4'	2.25×10^{-6}

（续）

配　体	溴原子取代位	IC_{50}^{a}（mol/L）
2'-OH-BDE-068	2,3'4,5'	6.02×10^{-6}
6-OH-BDE-082	2,2',3,3',4	2.27×10^{-6}
4-OH-BDE-090	2,2',3,4',5	5.47×10^{-6}
6'-OH-BDE-099	2,2'4,4',5	1.99×10^{-6}
5'-OH-BDE-099	2,2'4,4',5	6.34×10^{-6}
3-OH-BDE-100	2,2',4,4',6	6.67×10^{-6}
6-OH-BDE-140	2,2',3,4,4',6'	2.48×10^{-6}
6-OH-BDE-157	2,3,3',4,4',5'	6.67×10^{-6}
4-OH-BDE-188	2,2',3,4',5,6,6'	1.63×10^{-6}

注：[a]表示由 15 pmol/L 雌激素诱导的荧光素酶活性被抑制了 50％所对应的 OH-PBDEs 浓度。

3.4　本章小结与展望

　　PBDEs 由于和 PCBs 在结构上的相似性而被视为雌激素干扰物。随即，羟基化的 PCBs 的雌激素效应也进一步被揭示。遵循这个思路，我们也有理由怀疑 OH-PBDEs 在生物体内的雌激素活性。实际上，Mercado-Feliciano 和 Bigsby 通过对 PBDEs 的商业化混合物 DE-71 在小鼠体内的代谢物进行了分离，并证实了这些羟基化代谢物的类雌激素和抗雌激素活性，并推断 DE-71 在生物体内的雌激素干扰效应是这两种效应的叠加结果。

　　尽管如此，对 OH-PBDEs 的雌激素干扰效应的研究仍然仅停留在对少数种类的研究上，对这种新型污染物实现干扰效应的分子机理也是罕有报道。Hamers 的课题组在 2008 年的研究结果发现，BDE-47 及其 OH-PBDEs 代谢物能够抑制

雌激素磺基转移酶（E2SULT）的活性，且不同的 OH－PB-
DEs 能够表现出不同的干扰效应。这个干扰机制能够导致 E_2
雌激素活性的增强。从这个角度出发，我们能够解释在共孵育
实验中，4－OH－BDE－042 这种 E2SULT 抑制剂的共激活效
应，而另外一种 E2SULT 抑制剂 6－OH－BDE－047 却在我
们的体系中表现出了非常强的抑制效应。这说明，E2SULT
抑制机理无法解释 OH－PBDEs 在体内发挥干扰效应的原因。

　　有一些学者曾采用 ER－CALUX 报告基因体系及其他细
胞体系来检测 OH－PBDEs 雌激素效应，并得出了 OH－PB-
DEs 低溴代激活、高溴代抑制的趋势。但由于所采用的方法
不尽相同，对于某些种类的 OH－PBDE，有些甚至得到相反
的结论。我们采用 MVLN 这种灵敏、可靠的报告基因体系研
究了多种类的 OH－PBDEs 的雌激素效应，用单独孵育实验及
进一步的共孵育实验证实了 OH－PBDEs 对雌激素信号通路的
干扰效应，并揭示了 OH－PBDEs 低溴代激活、高溴代抑制的
规律。但是，为什么 OH－PBDEs 会表现出这样一种规律？它
的内在原因是什么？对这些问题的回答为我们筛查雌激素干扰
物方面以及揭示 OH－PBDEs 干扰效应规律方面具有十分重要
的意义，值得我们深入挖掘。

4

小分子配体与 hERα–LBD 相互作用的分子模拟对接

4.1 引言

关于对 ER 蛋白质结构的研究持续了几十年，这些研究对我们理解 ER 信号通路的生理学功能做出了巨大的贡献。尽管对晶体结构的研究仅仅是采用技术手段对蛋白结构进行了一个"快照"，并存在自己的缺点，但是对结合了不同配体的 ER 蛋白结构的研究为我们提供了一幅生动全面的结构图。

对于蛋白结构研究来说，大部分研究工作都集中在 ER 羧基端的 LBD 结构域，这是受体蛋白结合配体的主要区域。ER–LBD 由 12 个螺旋构成，这些螺旋在空间结构上形成三层反平行的三明治夹心结构，并在 LBD 狭窄的尾部形成一个疏水的结合空腔（H5/H6、H9、H10），用以结合内源配体。同时，ER–LBD 有一个动态构象区域，其中 AF–2（H3–5、H12）作为发挥 ER–LBD 配体依赖激活功能的主要区域，对 ER 构象的变化起到主要贡献。而对于 AF–2 构象转化最为关键的是一段短的螺旋区域，即 12 螺旋（H12），它位于 ER–LBD 的碳端。已经有研究发现，不同的配体结合到 ER 的结合口袋之后会引起 ER–LBD 区域 H12 的空间取向发生不同的变化。具有激活效应的配体结合在 ER–LBD 上后，能够使 H12 的空间取向以最有效的构象招募共激活因子，并使后者结合在 362

位的赖氨酸（K362），进而促进转录过程的进行。在这种"转录激活"的构象中，AF - 2 区域的螺旋组分在表面形成一个浅的疏水结合位点，供富含亮氨酸的 LxxLL 核受体多肽序列与其结合。同时，H12 在结合口袋的入口处像盖子一样封住 ER 的结合口袋，并作为有效构象的重要组成部分为下一步共激活因子的结合提供了结合位点。相反地，具有抑制效应的配体通过不同的结合方式来干扰 H12 正确构象的形成，从而阻碍共激活因子结合位点的形成。

Brzozowski 等人发表在《自然》上的一篇文章显示，AF - 2 抑制剂 Raloxifen（RAL）由于在结构上有一个大的侧链，不能够以激活构象结合在 ER 的配体结合口袋中，因此也就阻碍了 H12 形成有效的空间取向以供共激活因子的结合，从而达到了抑制效应，如彩图 6 所示。然而，Pike 的研究结果显示，AF - 2 的完全抑制剂 ICI164384 却与 Raloxifen 不同。ICI 的长烷基侧链可以结合到 AF - 2 共激活因子招募位点，并完全隔绝 H12 与 ER - LBD 剩余部分的结合。且有报道表明存在另外一种抑制方式，即配体与结合空腔并未采取合适的接触方式。因此，H12 倾向于以抑制剂诱导的空间取向，如三羟基异黄酮（genistein）与 ERβ 的结合。但由于所用蛋白亚型不同，在此我们不对这种非典型抑制方式做过多讨论。

分子对接（molecular docking）技术的出现，极大地推动了对配体-生物大分子的研究。这种技术是通过研究小分子配体与生物大分子之间的相互作用，预测二者的结合方式和结合构象，并给出相应的亲和力数据，从而实现基于结构的药物设计或者污染物筛查的重要方法。分子对接的基本思想是"锁钥原理"，目前已经广泛应用于 SBDD 中数据库搜寻及虚拟组合库的设计和筛选研究。分子对接所采用的数据库搜寻算法最早为 DOCK 程序，是由美国加利福尼亚大学 Kuntz 等开发。该算法将受体结合部位定义为一个交迭球集，每个小球球心作为一个假定的配体原子结合位点，根据配体与这些位点的不同匹配作用进行打分，从而进行排序，并获得与受体最为匹配的候选构象。DOCK 程序的评分函数可以评价配体与受体的几何形状互补性、范德华作用力、氢键和静电作用。对接函数将配体的柔性引入了对接过程，大大提高了计算结果的可靠性。而 AutoDock 对接程序则采用了经验结合自由能函数作为评分函数，能够更加真实地反映结合过程中系统能量的变化，是近年来出现的用于柔性配体对接和数据库搜寻比较成功的方法。

基于此，为了更好地阐述 OH‐PBDEs 与 hERα‐LBD 的相互作用，我们采用了分子对接模拟技术，以期能得到 OH‐PBDEs 与 hERα‐LBD 相互作用在结构与效应之间的关系。

4.2　实验部分

所有的分子对接实验都由 AutoDock4.2 软件提供的拉马克遗传算法（Lamarckian genetic algorithm）计算完成。栅格箱设置在 hERα‐LBD 结合口袋的中心处，为 60 点阵的立方体，点间距为 0.375 Å，其他所有参数设为默认。hERα‐LBD 与其抑制剂 OHT 的复合物的晶体结构由蛋白数据银行（protein data bank）获得，PDB 序列号为 3ERT。7 种在 SPR 实验中表现出与 hERα‐LBD 结合能力的 OH‐PBDEs、E_2 和 OHT 的 3D 结构由 http：//pubchem. ncbi. nlm. nih. gov 获得，之后由 PRO‐DRG2 服务器生成小分子配体的 pdb 文件。实验结果给出的对接构象按照打分值排列，我们对排在第一位的最优构象进行分析。

4.3　结果与讨论

在进行 OH‐PBDEs 与 hERα‐LBD 的分子对接模拟之前，我们对 ER 的天然配体 E_2 及 ER 的抑制剂药物 OHT 与

hERα－LBD 进行对接，实验结果如彩图 7 所示。由彩图 7 可知，E_2 与 hERα－LBD 结合形成的最优构象中，E_2 分子 A 环上的羟基与 hERα－LBD 结合口袋一端的氨基酸 Glu353 和 Arg394 形成两个氢键，而 E_2 分子 D 环上的羟基与 hERα－LBD 结合口袋另一端的 His524 残基形成一个氢键。对于抑制剂 OHT 来说，其分子中的羟基基团与 hERα－LBD 一端的 Glu353 和 Arg394 形成两个氢键，而另外一端由于缺少极性基团而无法形成氢键。同时，OHT 大的烷基侧链由于无法折叠进入 hERα－LBD 的结合口袋而伸出，位于 H3 和 H11 之间。E_2 和 OHT 与 hERα－LBD 结合形成的氢键与晶体结构的研究吻合（彩图 8），这也很好地验证了我们分析方法的可靠性。

随即我们对所研究的 7 种在 SPR 实验中显示能与 hERα－LBD 结合的 OH－PBDEs 与 hERα－LBD 的对接构象进行了研究。采用相同的对接参数，得到的 OH－PBDEs 对接构象结果如彩图 9 所示。

从彩图 9 中我们很容易发现，OH－PBDEs 与 hERα－LBD 的结合构象有两种不同的类型。4 种低溴代的 OH－PBDEs（2'－OH－BDE－007、4'－OH－BDE－017、3'－OH－BDE－028、4'－OH－BDE－049）能够很好地以激活构象结合在 ER－LBD 的结合口袋中，并表现出与天然配体 E_2 相似的结合方式。实际上，这 4 种 OH－PBDEs 在细胞实验中也表现出不同程度的激活效应。而相反地，另外 3 种高溴代的 OH－PBDEs（6－OH－BDE－047、6'－OH－BDE－099、5'－OH－BDE－099）的部分结构伸入 H3 和 H11 之间的空腔中，与 OHT 的结合方式类似。这种结合方式阻碍了 H12 螺旋正确构象的形成，从而阻碍 ER－LBD 对共激活因子的招募，从而实现对 ER 信号通路的抑制。这些 OH－PBDEs 与 hERα－LBD 不同的结合构象与它们在细胞实验中的生物学效应保持一致，说明结合方式的不同正是 OH－PBDEs 实现不同干扰效应的原因。

在分子对接实验过程中，我们发现，分子的体积大小似乎在结合方式的形成过程中是一个十分重要的因素。我们进一步研究了 OH - PBDEs 的分子体积，并把数据列于表 4.1。

表 4.1　考查的 7 种 OH - PBDEs 与 hERα 分子对接结果

配　体	溴原子取代位	临界体积 (cm^3/mol)	氢　键	雌激素受体活性
E_2	—	821.5	ARG394	Agonist（激活剂）
OHT	—	1 201.5	ARG394	Antagonist（抑制剂）
2'- OH - BDE - 007	2,4	649.5	GLU419	agonist（激活剂）
4'- OH - BDE - 017	2,2',4	711.5	ARG394	agonist（激活剂）
3'- OH - BDE - 028	2,4,4'	711.5	GLU353	agonist（激活剂）
4'- OH - BDE - 049	2,2',4,5'	773.5	—	agonist（激活剂）
6 - OH - BDE - 047	2,2',4,4'	773.5	—	antagonist（抑制剂）
6'- OH - BDE - 099	2,2',4,4',5	835.5	—	antagonist（抑制剂）
5'- OH - BDE - 099	2,2',4,4',5	835.5	LEU346	antagonist（抑制剂）

注：临界体积由 ChemiBioDraw 软件计算。

　　由于 OHT 的临界体积为 1 201.5 cm^3/mol，比 E_2 的临界体积（821.5 cm^3/mol）要大很多，因此无法通过折叠卷曲等方式进入 ER 的结合口袋中，这也正是晶体结构中 OHT 的烷基侧链被"挤"在 H3 和 H11 之间的原因。低溴代的 OH - PBDEs（一溴代、二溴代、三溴代）的临界体积小于 E_2，能够轻松地通过一系列构象变化进入结合口袋，并以激活构象结合；而高溴代的 OH - PBDEs（五溴代）的临界体积大于 E_2，与 OHT 类似，以抑制构象结合在结合口袋；四溴代的 OH - PBDEs 临界体积位于 E_2 附近，在激活与抑制构象之间存在分配比例。因此，部分以激活构象结合，部分以抑制构象结合。

4.4 本章小结与展望

本章研究的重点在于理解 OH - PBDEs 与 hERα - LBD 相互作用的结合方式及分子机制,并进一步为我们得到的 OH - PBDEs 的生物学效应提供依据。我们的工作从分子水平上研究了 OH - PBDEs 与核受体 hERα 之间的相互作用,发现溴代程度不同的 OH - PBDEs 与 ER - LBD 的结合方式存在较大的差异,低溴代的 OH - PBDEs 由于分子体积较小,能诱导 hERα - LBD 形成激活构象,有利于共激活因子的招募,而高溴代的 OH - PBDEs 由于分子体积较大,它们能够诱导 hERα - LBD 形成抑制构象,不利于共激活构象的形成,从而实现抑制效应。我们的实验结果证实了 OH - PBDEs 对雌激素受体信号通路低溴代激活、高溴代抑制的规律,为 OH - PBDEs 雌激素干扰效应的研究提供了基础。

分子对接技术为我们形象直观地理解生物分子相互作用的分子机制提供了有力的工具,但是,这种计算机模型依赖下的分析手段并不能完全预测生物体内小分子的实际行为。生物的体内环境存在一定的复杂性,代谢过程、利用率和其他生理参数一起构成了计算机模型预测体系的误差。因此,对于小分子与生物大分子之间相互作用的研究不能脱离传统的生物分析手段。只有将多种分析方法结合起来,才能使我们全面理解小分子在生物体内的作用行为。

5

总结与展望

　　随着经济发展在全球范围内的加速和工业化程度的日益提高，越来越多的天然和人工化学品得到广泛使用。各种有毒化学品通过各种途径进入环境和人体，对生态平衡和人类健康造成严重危害。其中一大类污染物进入人体后，能够干扰生物体内源性激素的正常功能，引起可逆或不可逆生物学效应，国际环保组织将这类环境污染物称为"内分泌干扰物"。OH‑PBDEs 作为一种新型的环境污染物，其内分泌干扰效应体现在对甲状腺激素、雌激素和雄激素等的干扰行为方面。其中，OH‑PBDEs 的雌激素干扰效应尽管有所报道，但是仍然在分子机制方面缺乏系统有效的研究成果。

　　雌激素干扰物从进入人体到发挥毒性效应，之间有一系列复杂而值得深入探讨的过程。其中，污染物与生物大分子的相互作用往往是其发挥毒性效应的关键步骤。分子之间的相互作用也是当今科学研究领域内环境分子毒理学方向的研究重点。鉴于内分泌干扰物的种类繁多且结构差异较大的特点，我们必须充分利用现有的各种测定方法，在此基础上开发应对环境内分泌干扰物的新方法和新技术，结合不同分析检测手段的优点，系统而全面地回答关于污染物对雌激素信号通路的干扰行为机制。

　　本研究从配体与雌激素受体相互作用着手，结合分析 OH‑PBDEs 在生物体系内的效应，最后用分子对接模拟手段给出了 OH‑PBDEs 与人雌激素受体相互作用的构效关系，得出的主要结论为：

1. 在 22 种考查的 OH－PBDEs 中，有 7 种能与人雌激素受体直接结合，平衡解离常数（K_D）在 $10^{-7} \sim 10^{-6}$ mol/L，结合能力较弱。

2. OH－PBDEs 的生物学效应整体上呈现低溴代激活、高溴代抑制的趋势。

3. 除通过直接结合的方式，细胞内存在其他的通路能激活或者抑制雌激素受体信号通路。

4. OH－PBDEs 对 ER 的激活或者抑制效应与其和 ER 的结合方式有关。

在研究相互作用方面，我们构建的 SPR 传感器具有能高通量筛查污染物、免标记、能实现表面再生等优点，能为我们提供实时、动态检测亚分子层水平的相互作用信息。其与微流控技术的结合是实现多元分析和高通量检测的技术基础，这大大节省了实验成本。然而，实际检测过程中，我们的目标物往往为小分子化合物，在界面产生的折射率变化相对较低。因此，在对小分子筛查应用方面，仍然存在灵敏度低等困难。尽管我们可以通过竞争检测法或标记技术等方式来增大 SPR 的响应信号，从而提高检测灵敏度，但是它们都无法获得分子相互作用的动力学信息，也无法最大限度地模拟在生物体内生物分子的作用行为，而这恰恰是 SPR 技术的最大优势。因此，通过提升现有的技术水平来提高仪器自身的灵敏度仍然十分关键。如近年来发现光电子产生的噪声是限制 SPR 仪器灵敏度的主要因素之一，那么，我们就可以降低光源和检测器产生的噪声从而提高检测灵敏度。

SPR 技术是一种体外分析技术，尽管我们可以通过控制条件来最大限度地模拟生物体内生物分子的真实行为，但是在考查一种新型环境污染物的时候，我们仍然不能完全脱离真实的生物体系。只有将体内和体外的分析技术结合起来，我们才能得到更为全面细致的研究成果。MVLN 细胞作为一种报告基因检测体系，由于其灵敏度高等特点受到科学家们的青睐。但是由于 MVLN 细胞内存在多种多样复杂的信号通路，我们无法清楚地得到污染物对某一信号通路的干扰行为。尽管在生物体系内，生物体的生长发育、繁殖等行为受到体内各种信号通路的精密调控，且不同的信号通路相互交叉并存在复杂的反馈机制，但是对于某一种新型的污染物来说，我们首先要回答的是其在体内是否会与生物大分子相互作用，以及这种作用是否会对一种或者多种信号通路存在干扰和影响。对这个问题的回答是一个由浅入深、由简单到复杂的过程。我们研究了 OH - PBDEs 对雌激素受体介导途径的影响，然而同样存在其他的研究发现 OH - PBDEs 会影响 TR 及 AhR 等途径。因此，研究 OH - PBDEs 对交叉途径的影响能够更全面地分析其毒理学效应，当然这也给科研工作者提出了更高的要求。

在研究 OH - PBDEs 的雌激素干扰效应时，只考虑了单一化合物的作用。然而，多种 OH - PBDEs 同时存在于人类和野生动物体内，它们共同产生的效应与单独某一种 OH - PBDE 是不完全相同的。我们的研究结果表明，单独的 OH - PBDE 雌激素活性较弱，但是多种污染物可能存在协同作用，这部分工作需要进一步研究加以探讨。

参 考 文 献

AKSGLAEDE L, JUUL A, LEFFERS H, et al, 2006. The sensitivity of the child to sex steroids: possible impact of exogenous estrogens [J]. Hum Reprod Update, 12 (4): 341 - 9.

ALEXANDE N M, JENNINGS J F, 1974. Analysis for Total Serum Thyroxine by Equilibrium Competitive Protein - Binding on Small, Re - Usable Sephadex Columns [J]. Clin Chem, 20 (5): 553 - 9.

ARANDA A, PASCUAL A, 2001. Nuclear hormone receptors and gene expression [J]. Physiol Rev, 81 (3): 1269 - 304.

ASPLUND L, ATHANASIADOU M, SJODIN A, et al, 1999. Organohalogen substances in muscle, egg and blood from healthy Baltic salmon (Salmo salar) and Baltic salmon that produced offspring with the M74 syndrome [J]. Ambio, 28 (1): 67 - 76.

ATHANASIADOU M, CUADRA S N, MARSH G, et al, 2007. Polybrominated Diphenyl Ethers (PBDEs) and Bioaccumulative Hydroxylated PBDE Metabolites in Young Humans from Managua, Nicaragua [J]. Environmental health perspectives, 116 (3): 400 - 8.

BIGSBY R M, CAPERELLGRANT A, MADHUKAR B V, 1997. Xenobiotics released from fat during fasting produce estrogenic effects in ovariectomized mice [J]. Cancer Res, 57 (5): 865 - 9.

BIRNBAUM L S, STASKAL D F, 2004. Brominated flame retardants: Cause for concern? [J]. Environmental health perspectives, 112 (1): 9 - 17.

BJORNSTROM L, SJOBERG M, 2005. Mechanisms of estrogen receptor signaling: Convergence of genomic and nongenomic actions on target genes [J]. Mol Endocrinol, 19 (4): 833 - 42.

BLAIR R M, FANG H, BRANHAM W S, et al, 2000. The estrogen receptor relative binding affinities of 188 natural and xenochemicals: Structural diversity of ligands [J]. Toxicol Sci, 54 (1): 138 - 53.

BOLGER R, WIESE T E, ERVIN K, et al, 1998. Rapid screening of environmental chemicals for estrogen receptor binding capacity [J]. Environmental health perspectives, 106 (9): 551 - 7.

BROUWER A, KLASSONWEHLER E, BOKDAM M, et al, 1990. Competitive - Inhibition of Thyroxine Binding to Transthyretin by Monohydroxy Metabolites of 3, 4, 3', 4' - Tetrachlorobiphenyl [J]. Chemosphere, 20 (7 - 9): 1257 - 62.

BROUWER A, MORSE D C, LANS M C, et al, 1998. Interactions of persistent environmental organohalogens with the thyroid hormone system: Mechanisms and possible consequences for animal and human health [J]. Toxicol Ind Health, 14 (1 - 2): 59 - 84.

BRUCKER - DAVIS F, 1998. Effects of environmental synthetic chemicals on thyroid function [J]. Thyroid, 8 (9): 827 - 56.

BRZOZOWSKI A M, PIKE A C W, DAUTER Z, et al, 1997. Molecular basis of agonism and antagonism in the oestrogen receptor [J]. Nature, 389 (6652): 753 - 8.

BULGER W H, MUCCITELLI R M, KUPFER D, 1978. Interactions of Chlorinated Hydrocarbon Pesticides with 8s Estrogen - Binding Protein in Rat Testes [J]. Steroids, 32 (2): 165 - 77.

CANTON R F, SCHOLTEN D E A, MARSH G, et al, 2008. Inhibition of human placental aromatase activity by hydroxylated polybrominated diphenyl ethers (OH - PBDEs) [J]. Toxicology and applied pharmacology, 227 (1): 68 - 75.

CARDONA M, 1971. Fresnel Reflection and Surface Plasmons [J]. Am J Phys, 39 (10): 1277.

CHEN L J, LEBETKIN E H, SANDERS J M, et al, 2006. Metabolism and disposition of 2, 2', 4, 4', 5 - pentabromodiphenyl ether (BDE99) following a single or repeated administration to rats or mice [J]. Xenobiotica, 36 (6): 515 - 34.

CONNOR K, RAMAMOORTHY K, MOORE M, et al, 1997. Hydroxylated polychlorinated biphenyls (PCBs) as estrogens and antiestrogens: Structure - activity relationships [J]. Toxicology and applied pharmacology, 145 (1): 111 - 23.

CRAIN D A, GUILLETTE L J, ROONEY A A, et al, 1997. Alterations in steroidogenesis in alligators (Alligator mississippiensis) exposed naturally and experimentally to environmental contaminants [J]. Environmental health perspectives, 105 (5): 528 - 33.

CREWS D, BERGERON J M, MCLACHLAN J A, 1995. The Role of Estrogen in Turtle Sex Determination and the Effect of Pcbs [J]. Environmental health perspectives, 103 (73 - 7) .

DARNERUD P O, MORSE D, KLASSONWEHLER E, et al, 1996. Binding of a 3,3',4,4'- tetrachlorobiphenyl (CB - 77) metabolite to fetal transthyretin and effects on fetal thyroid hormone levels in mice [J]. Toxicology, 106 (1 - 3): 105 - 14.

DASTON G P, GOOCH J W, BRESLIN W J, et al, 1997. Environmental estrogens and reproductive health: A discussion of the human and environmental data [J]. Reproductive Toxicology, 11 (4): 465 - 81.

DE WIT C A, 2002. An overview of brominated flame retardants in the environment[J]. Chemosphere, 46 (5): 583 - 624.

DINGEMANS M M L, DE GROOT A, VAN KLEEF R G D M, et al, 2008. Hydroxylation increases the neurotoxic potential of BDE - 47 to affect exocytosis and calcium homeostasis in PC12 cells [J]. Environmental health perspectives, 116 (5): 637 - 43.

ERIKSSON J, GREEN N, MARSH G, et al, 2004. Photochemical decomposition of 15 polybrominated diphenyl ether congeners in methanol/water [J]. Environ Sci Technol, 38 (11): 3119 - 25.

ERIKSSON P, JAKOBSSON E, FREDRIKSSON A, 2001. Brominated flame retardants: A novel class of developmental neurotoxicants in our environment? [J]. Environmental health perspectives, 109 (9): 903 - 8.

FANG L, HUANG J, YU G, et al, 2008. Photochemical degradation of six polybrominated diphenyl ether congeners under ultraviolet irradiation in hexane [J]. Chemosphere, 71 (2): 258 - 67.

FANO U, 1941. The theory of anomalous diffraction gratings and of quasi - stationary waves on metallic surfaces (Sommerfeld's waves) [J]. J Opt Soc Am, 31 (3): 213 - 22.

FREYBERGER A, SCHMUCK G, 2005. Screening for estrogenicity and anti - estrogenicity: a critical evaluation of an MVLN cell - based trans-activation assay [J]. Toxicol Lett, 155 (1): 1 - 13.

FROSTELL - KARLSSON A, WIDEGREN H, GREEN C E, et al, 2005. Biosensor analysis of the interaction between drug compounds and liposomes of different properties; a two - dimensional characterization tool for estimation of membrane absorption [J]. J Pharm Sci - Us, 94 (1): 25 - 37.

GANGLOFF M, RUFF M, EILER S, et al, 2001. Crystal structure of a mutant hERalpha ligand - binding domain reveals key structural features for the mechanism of partial agonism [J]. The Journal of biological chemistry, 276 (18): 15059 - 65.

GILL U, CHU I, RYAN J J, et al, 2004. Polybrominated diphenyl ethers:Human tissue levels and toxicology [J]. Rev Environ Contam T, 183 (55) - 97.

GORDON J G, ERNST S, 1980. Surface - Plasmons as a Probe of the Electrochemical Interface [J]. Surf Sci, 101 (1 - 3): 499 - 506.

GREGORY L, THIELENS N M, MATSUSHITA M, et al, 2004. The X - ray structure of human MBL - associated protein 19 (MAp19) and its interaction site with mannan - binding lectin and L - ficolin [J]. Mol Immunol, 41 (2 - 3): 238.

GROSS - SOROKIN M Y, ROAST S D, BRIGHTY G C, 2006. Assessment of feminization of male fish in English rivers by the environment agency of England and Wales [J]. Environmental health perspectives, 114 (147 - 51) .

GUILLETTE L J, GROSS T S, MASSON G R, et al, 1994. Developmental Abnormalities of the Gonad and Abnormal Sex - Hormone Concentrations in Juvenile Alligators from Contaminated and Control Lakes in Florida [J]. Environmental health perspectives, 102 (8): 680 - 8.

GUPTA R K, SCHUH R A, FISKUM G, et al, 2006. Methoxychlor causes mitochondrial dysfunction and oxidative damage in the mouse ovary[J]. Toxicology and applied pharmacology, 216 (3): 436 - 45.

HAKK H, HUWE J K, LARSEN G L, 2009. Absorption, distribution, metabolism and excretion (ADME) study with 2,2',4,4',5,6'-

hexabromodiphenyl ether (BDE - 154) in male Sprague - Dawley rats [J]. Xenobiotica, 39 (1): 46 - 56.

HAMERS T, KAMSTRA J H, SONNEVELD E, et al, 2006. In vitro profiling of the endocrine - disrupting potency of brominated flame retardants [J]. Toxicol Sci, 92 (1): 157 - 73.

HAMERS T, KAMSTRA J H, SONNEVELD E, et al, 2008. Biotransformation of brominated flame retardants into potentially endocrine - disrupting metabolites, with special attention to 2,2',4,4'- tetrabromodiphenyl ether (BDE - 47) [J]. Molecular nutrition & food research, 52 (2): 284 - 98.

HAMMOND B, KATZENELLENBOGEN B S, KRAUTHAMMER N, et al, 1979. Estrogenic Activity of the Insecticide Chlordecone (Kepone) and Interaction with Uterine Estrogen - Receptors [J]. P Natl Acad Sci USA, 76 (12): 6641 - 5.

HARTMANN D, ADAMS J, MEEKER A, et al, 1985. Dissociation of the Optimal Immunomodulatory Dose (Oid) and Maximum Tolerated Dose (Mtd) in Tumor - Bearing Mice Treated with Poly Iclc [J]. Fed Proc, 44 (4): 962.

HAYES T B, COLLINS A, LEE M, et al, 2002. Hermaphroditic, demasculinized frogs after exposure to the herbicide atrazine at low ecologically relevant doses [J]. P Natl Acad Sci USA, 99 (8): 5476 - 80.

HOMOLA J, YEE S S, GAUGLITZ G, 1999. Surface plasmon resonance sensors: review [J]. Sensor Actuat B - Chem, 54 (1 - 2): 3 - 15.

IBHAZEHIEBO K, IWASAKI T, KIMURA - KURODA J, et al, 2011. Disruption of Thyroid Hormone Receptor - Mediated Transcription and Thyroid Hormone - Induced Purkinje Cell Dendrite Arborization by Polybrominated Diphenyl Ethers [J]. Environmental health perspectives, 119 (2): 168 - 75.

JOHANSEN K, ARWIN H, LUNDSTROM I, et al, 2000 Imaging surface plasmon resonance sensor based on multiple wavelengths: Sensitivity considerations [J]. Rev Sci Instrum, 71 (9): 3530 - 8.

JORUNDSDOTTIR H, LOFSTRAND K, SVAVARSSON J, et al,

2010. Organochlorine Compounds and Their Metabolites in Seven Icelandic Seabird Species - a Comparative Study [J]. Environ Sci Technol, 44 (9): 3252 - 9.

KAVLOCK R J, DASTON G P, DEROSA C, et al, 1996. Research needs for the risk assessment of health and environmental effects of endocrine disruptors: A report of the US EPA - sponsored workshop [J]. Environmental health perspectives, 104 (715) - 40.

KAWASHIRO Y, FUKATA H, SATO K, et al, 2009. Polybrominated diphenyl ethers cause oxidative stress in human umbilical vein endothelial cells [J]. Hum Exp Toxicol, 28 (11): 703 - 13.

KELLY B C, IKONOMOU M G, BLAIR J D, et al, 2008. Hydroxylated and methoxylated polybrominated diphenyl ethers in a Canadian Arctic marine food web [J]. Environ Sci Technol, 42 (19): 7069 - 77.

KHAN S, BARHOUMI R, BURGHARDT R, et al, 2006. Molecular mechanism of inhibitory aryl hydrocarbon receptor - estrogen receptor/ Sp1 cross talk in breast cancer cells [J]. Mol Endocrinol, 20 (9): 2199 - 214.

KIERKEGAARD A, DE WIT C A, ASPLUND L, et al, 2009. A Mass Balance of Tri - Hexabrominated Diphenyl Ethers in Lactating Cows [J]. Environ Sci Technol, 43 (7): 2602 - 7.

KIM J, 2004. Induction of inducible nitric oxide synthase and proinflammatory cytokines expression by o, p'- DDT in macrophages [J]. Toxicol Lett, 147 (3): 261 - 9.

KOJIMA H, TAKEUCHI S, URAMARU N, et al, 2009. Nuclear Hormone Receptor Activity of Polybrominated Diphenyl Ethers and Their Hydroxylated and Methoxylated Metabolites in Transactivation Assays Using Chinese Hamster Ovary Cells [J]. Environmental health perspectives, 117 (8): 1210 - 8.

KORACH K S, SARVER P, CHAE K, et al, 1988. Estrogen Receptor - Binding Activity of Polychlorinated Hydroxybiphenyls - Conformationally Restricted Structural Probes [J]. Mol Pharmacol, 33 (1): 120 - 6.

KRETSCHME, RAETHER H, 1968. Radiative Decay of Non Radiative Surface Plasmons Excited by Light [J]. Z Naturforsch Pt A, A 23

(12): 2135.

KUIPER G G J M, LEMMEN J G, CARLSSON B, et al, 1998. Interaction of estrogenic chemicals and phytoestrogens with estrogen receptor beta [J]. Endocrinology, 139 (10): 4252 – 63.

KUPFER D, BULGER W H, 1979. Novel Invitro Method for Demonstrating Pro – Estrogens – Metabolism of Methoxychlor and O, P'ddt by Liver – Microsomes in the Presence of Uteri and Effects on Intracellular – Distribution of Estrogen Receptors [J]. Life Sci, 25 (11): 975 – 84.

KUSHNER P J, AGARD D A, GREENE G L, et al, 2000. Estrogen receptor pathways to AP – 1 [J]. J Steroid Biochem, 74 (5): 311 – 7.

LABRIE F, LABRIE C, BELANGER A, et al, 1999. EM – 652 (SCH 57068), a third generation SERM acting as pure antiestrogen in the mammary gland and endometrium [J]. J Steroid Biochem, 69 (1 – 6): 51 – 84.

LACORTE S, IKONOMOU M G, 2009 Occurrence and congener specific profiles of polybrominated diphenyl ethers and their hydroxylated and methoxylated derivatives in breast milk from Catalonia [J]. Chemosphere, 74 (3): 412 – 20.

LANDERS K A, MCKINNON B D, LI H K, et al, 2009. Carrier – Mediated Thyroid Hormone Transport into Placenta by Placental Transthyretin [J]. J Clin Endocr Metab, 94 (7): 2610 – 6.

LEGLER J, BROUWER A, 2003. Are brominated flame retardants endocrine disruptors? [J]. Environment International, 29 (6): 879 – 85.

LI F, XIE Q, LI X H, et al, 2010. Hormone Activity of Hydroxylated Polybrominated Diphenyl Ethers on Human Thyroid Receptor – beta: In Vitro and In Silico Investigations [J]. Environmental health perspectives, 118 (5): 602 – 6.

LIND P M, MILNES M R, LUNDBERG R, et al, 2004. Abnormal bone composition in female juvenile American alligators from a pesticide – polluted lake (Lake Apopka, Florida) [J]. Environmental health perspectives, 112 (3): 359 – 62.

LIU H, HU W, SUN H, et al, 2011. In vitro profiling of endocrine disrupting potency of 2,2',4,4' – tetrabromodiphenyl ether (BDE47) and related hydroxylated analogs (OH‐PBDEs) [J]. Marine pollution bulletin, 63 (5‐12): 287‐96.

MALMBERG T, ATHANASIADOU M, MARSH G, et al, 2005. Identification of hydroxylated polybrominated diphenyl ether metabolites in blood plasma from polybrominated diphenyl ether exposed rats [J]. Environ Sci Technol, 39 (14): 5342‐8.

MALMVARN A, MARSH G, KAUTSKY L, et al, 2005. Hydroxylated and methoxylated brominated diphenyl ethers in the red algae Ceramium tenuicorne and blue mussels from the Baltic Sea [J]. Environ Sci Technol, 39 (9): 2990‐7.

MALMVARN A, ZEBUHR Y, KAUTSKY L, et al, 2008. Hydroxylated and methoxylated polybrominated diphenyl ethers and polybrominated dibenzo‐p‐dioxins in red alga and cyanobacteria living in the Baltic Sea [J]. Chemosphere, 72 (6): 910‐6.

MARCHESINI G R, MEIMARIDOU A, HAASNOOT W, et al, 2008. Biosensor discovery of thyroxine transport disrupting chemicals [J]. Toxicology and applied pharmacology, 232 (1): 150‐60.

MARSH G, ATHANASIADOU M, ATHANASSIADIS I, et al, 2006. Identification of hydroxylated metabolites in 2,2',4,4'‐tetrabromodiphenyl ether exposed rats [J]. Chemosphere, 63 (4): 690‐7.

MARTIN M B, 2003. Estrogen‐Like Activity of Metals in Mcf‐7 Breast Cancer Cells [J]. Endocrinology, 144 (6): 2425‐36.

MASSART F, SEPPIA P, PARDI D, et al, 2005. High incidence of central precocious puberty in a bounded geographic area of northwest Tuscany: An estrogen disrupter epidemic? [J]. Gynecol Endocrinol, 20 (2): 92‐8.

MCKINNEY M A, DE GUISE S, MARTINEAU D, et al, 2006. Organohalogen contaminants and metabolites in beluga whale (Delphinapterus leucas) liver from two Canadian populations [J]. Environ Toxicol Chem, 25 (5): 1246‐57.

MCKINNON B, LI H K, RICHARD K, et al, 2005. Synthesis of thyroid hormone binding proteins transthyretin and albumin by human trophoblast [J]. J Clin Endocr Metab, 90 (12): 6714‐20.

MEERTS I A T M, LETCHER R J, HOVING S, et al, 2001. In vitro estrogenicity of polybrominated diphenyl ethers, hydroxylated PBDEs, and polybrominated bisphenol A compounds [J]. Environmental health perspectives, 109 (4): 399 – 407.

MEERTS I A T M, VAN ZANDEN J J, LUIJKS E A C, et al, 2000. Potent competitive interactions of some brominated flame retardants and related compounds with human transthyretin in vitro [J]. Toxicol Sci, 56 (1): 95 – 104.

MEIJER L, WEISS J, VAN VELZEN M, et al, 2008. Serum concentrations of neutral and phenolic organohalogens in pregnant women and some of their infants in the Netherlands [J]. Environ Sci Technol, 42 (9): 3428 – 33.

MERCADO – FELICIANO M, BIGSBY R M, 2008. Hydroxylated metabolites of the polybrominated diphenyl ether mixture DE – 71 are weak estrogen receptor – alpha ligands [J]. Environmental health perspectives, 116 (10): 1315 – 21.

MILLS P K, YANG R, 2006. Regression analysis of pesticide use and breast cancer incidence in California Latinas [J]. J Environ Health, 68 (6): 15 – 22.

MURONO E P, DERK R C, AKGUL Y, 2006. In vivo exposure of young adult male rats to methoxychlor reduces serum testosterone levels and ex vivo Leydig cell testosterone formation and cholesterol side – chain cleavage activity [J]. Reproductive Toxicology, 21 (2): 148 – 53.

MUSCAT J E, BRITTON J A, DJORDJEVIC M V, et al, 2003. Adipose concentrations of organochlorine compounds and breast cancer recurrence in Long Island, New York [J]. Cancer Epidem Biomar, 12 (12): 1474 – 8.

NELSON B P, FRUTOS A G, BROCKMAN J M, et al, 1999. Near – infrared surface plasmon resonance measurements of ultrathin films. 1. Angle shift and SPR imaging experiments [J]. Anal Chem, 71 (18): 3928 – 34.

NEWBOLD R R, PADILLA – BANKS E, JEFFERSON W N, 2006. Adverse effects of the model environmental estrogen diethylstilbestrol are transmitted to subsequent generations [J]. Endocrinology, 147 (6): S11 - S7.

OTTO A, 1968. Excitation of Nonradiative Surface Plasma Waves in Silver by Method of Frustrated Total Reflection [J]. Z Phys, 216 (4): 398.

PAPANIKOLAOU N C, HATZIDAKI E G, BELIVANIS S, et al, 2005. Lead toxicity update. A brief review [J]. Med Sci Monitor, 11 (10): Ra329 - Ra36.

PARIS F, JEANDEL C, SERVANT N, et al, 2006 Increased serum estrogenic bioactivity in three male newborns with ambiguous genitalia: A potential consequence of prenatal exposure to environmental endocrine disruptors [J]. Environ Res, 100 (1): 39 - 43.

PIKE A C W, BRZOZOWSKI A M, HUBBARD R E, et al, 1999. Structure of the ligand - binding domain of oestrogen receptor beta in the presence of a partial agonist and a full antagonist [J]. Embo J, 18 (17): 4608 - 18.

PONS M, GAGNE D, NICOLAS J. C, et al, 1990. A new cellular model of response to estrogens: a bioluminescent test to characterize estrogen molecules. [J]. Bio Tech, 9 (4): 450 - 459.

QIU X H, BIGSBY R M, HITES R A, 2009. Hydroxylated Metabolites of Polybrominated Diphenyl Ethers in Human Blood Samples from the United States [J]. Environmental health perspectives, 117 (1): 93 - 8.

QIU X, MERCADO - FELICIANO M, BIGSBY R M, et al, 2007. Measurement of polybrominated diphenyl ethers and metabolites in mouse plasma after exposure to a commercial pentabromodiphenyl ether mixture [J]. Environmental health perspectives, 115 (7): 1052 - 8.

RAETHER H, 1988. Surface - Plasmons on Smooth and Rough Surfaces and on Gratings [J]. Springer Tr Mod Phys, 111 (1 - 133) .

RICH R L, HOTH L R, GEOGHEGAN K F, et al, 2002. Kinetic analysis of estrogen receptor/ligand interactions [J]. P Natl Acad Sci USA, 99 (13): 8562 - 7.

ROUTTI H, LETCHER R J, CHU S G, et al, 2009. Polybrominated Diphenyl Ethers and Their Hydroxylated Analogues in Ringed Seals

(Phoca hispida) from Svalbard and the Baltic Sea [J]. Environ Sci Technol, 43 (10): 3494 - 9.

SAVILLE B, WORMKE M, WANG F, et al, 2000. Ligand -, cell -, and estrogen receptor subtype (alpha/beta) - dependent activation at GC - rich (Sp1) promoter elements [J]. Journal of Biological Chemistry, 275 (8): 5379 - 87.

SCHROTER C, PARZEFALL W, SCHROTER H, et al, 1987. Dose - Response Studies on the Effects of Alpha - Hexachlorocyclohexane, Beta - Hexachlorocyclohexane, and Gamma - Hexachlorocyclohexane on Putative Preneoplastic Foci, Monooxygenases, and Growth in Rat - Liver [J]. Cancer Res, 47 (1): 80 - 8.

SHAN X N, HUANG X P, FOLEY K J, et al, 2010. Measuring Surface Charge Density and Particle Height Using Surface Plasmon Resonance Technique [J]. Anal Chem, 82 (1): 234 - 40.

SHANKLAND D L, 1982. Neurotoxic Action of Chlorinated - Hydrocarbon Insecticides [J]. Neurobeh Toxicol Ter, 4 (6): 805 - 11.

SHANLE E K, XU W, 2011. Endocrine Disrupting Chemicals Targeting Estrogen Receptor Signaling: Identification and Mechanisms of Action [J]. Chem Res Toxicol, 24 (1): 6 - 19.

SHUMAN C F, HAMALAINEN M D, DANIELSON U H, 2004. Kinetic and thermodynamic characterization of HIV - 1 protease inhibitors [J]. J Mol Recognit, 17 (2): 106 - 19.

SJODIN A, 2003. A review on human exposure to brominated flame retardants? particularly polybrominated diphenyl ethers [J]. Environment International, 29 (6): 829 - 39.

SONG F Y, ZHOU F M, WANG J, et al, 2002. Detection of oligonucleotide hybridization at femtomolar level and sequence - specific gene analysis of the Arabidopsis thaliana leaf extract with an ultrasensitive surface plasmon resonance spectrometer [J]. Nucleic Acids Res, 30 (14).

SONG R F, DUARTE T L, ALMEIDA G M, et al, 2009. Cytotoxicity and gene expression profiling of two hydroxylated polybrominated diphenyl ethers in human H295R adrenocortical carcinoma cells [J]. Toxicol Lett，185（1）：23 - 31.

SOTO A M，SONNENSCHEIN C，2010. Environmental causes of cancer: endocrine disruptors as carcinogens [J]. Nat Rev Endocrinol，6 (7)：364 - 71.

STAPLETON H M，KELLY S M，PEI R，et al，2009. Metabolism of Polybrominated Diphenyl Ethers（PBDEs）by Human Hepatocytes in Vitro [J]. Environmental health perspectives，117（2）：197 - 202.

STEINMETZ A C U，RENAUD J P，MORAS D，2001. Binding of ligands and activation of transcription by nuclear receptors [J]. Annu Rev Bioph Biom，30（329 - 59）.

SUN C Y，ZHAO D，CHEN C C，et al，2009. TiO2 - Mediated Photocatalytic Debromination of Decabromodiphenyl Ether: Kinetics and Intermediates [J]. Environ Sci Technol，43（1）：157 - 62.

SUN J，MEYERS M J，FINK B E，et al，1999. Novel ligands that function as selective estrogens or antiestrogens for estrogen receptor - alpha or estrogen receptor - beta [J]. Endocrinology，140（2）：800 - 4.

TURBADAR T，1959. Complete Absorption of Light by Thin Metal Films [J]. P Phys Soc Lond，73（469）：40 - 4.

UCAN - MARIN F，ARUKWE A，MORTENSEN A S，et al，2010. Recombinant Albumin and Transthyretin Transport Proteins from Two Gull Species and Human: Chlorinated and Brominated Contaminant Binding and Thyroid Hormones [J]. Environ Sci Technol，44（1）：497 - 504.

UCAN - MARIN F，ARUKWE A，MORTENSEN A，et al，2009. Recombinant Transthyretin Purification and Competitive Binding with Organohalogen Compounds in Two Gull Species（Larus argentatus and Larus hyperboreus）[J]. Toxicol Sci，107（2）：440 - 50.

UENO D，DARLING C，ALAEE M，et al，2008. Hydroxylated Polybrominated diphenyl ethers（OH - PBDEs）in the abiotic environment: Surface water and precipitation from Ontario，Canada [J]. Environ Sci Technol，42（5）：1657 - 64.

ULBRICH B，STAHLMANN R，2004. Developmental toxicity of polychlorinated biphenyls（PCBs）: a systematic review of experimental data

[J]. Arch Toxicol, 78 (5): 252 – 68.

ULRICH E M, CAPERELL – GRANT A, JUNG S H, et al, 2000. Environmentally relevant xenoestrogen tissue concentrations correlated to biological responses in mice [J]. Environmental health perspectives, 108 (10): 973 – 7.

VAKHARIA D D, GIERTHY J F, 2000. Use of a combined human liver microsome – estrogen receptor binding assay to assess potential estrogen modulating activity of PCB metabolites [J]. Toxicol Lett, 114 (1 – 3): 55 – 65.

VALTERS K, LI H X, ALAEE M, et al, 2005. Polybrominated diphenyl ethers and hydroxylated and methoxylated brominated and chlorinated analogues in the plasma of fish from the Detroit River [J]. Environ Sci Technol, 39 (15): 5612 – 9.

VAN BOXTEL A L, KAMSTRA J H, CENIJN P H, et al, 2008. Microarray analysis reveals a mechanism of phenolic polybrominated diphenylether toxicity in zebrafish [J]. Environ Sci Technol, 42 (5): 1773 – 9.

VERREAULT J, GABRIELSEN G V, CHU S G, et al, 2005. Flame retardants and methoxylated and hydroxylated polybrominated diphenyl ethers in two Norwegian Arctic top predators: Glaucous gulls and polar bears [J]. Environ Sci Technol, 39 (16): 6021 – 8.

WAN Y, CHOI K, KIM S, et al, 2010. Hydroxylated Polybrominated Diphenyl Ethers and Bisphenol A in Pregnant Women and Their Matching Fetuses: Placental Transfer and Potential Risks [J]. Environ Sci Technol, 44 (13): 5233 – 9.

WAN Y, WISEMAN S, CHANG H, et al, 2009. Origin of Hydroxylated Brominated Diphenyl Ethers: Natural Compounds or Man – Made Flame Retardants? [J]. Environ Sci Technol, 43 (19): 7536 – 42.

WANG C, LI W, CHEN J W, et al, 2012. Summer atmospheric polybrominated diphenyl ethers in urban and rural areas of northern China [J]. Environ Pollut, 171 (234 – 40).

WANG S – L, CHANG Y – C, CHAO H – R, et al, 2006. Body Burdens of Polychlorinated Dibenzo – p – dioxins, Dibenzofurans, and Biphenyls and Their Relations to Estrogen Metabolism in Pregnant Women [J]. Environmental health perspectives, 114 (5): 740-5.

WANG Y C, ZHU X, WU M H, et al, 2009. Simultaneous and Label-Free Determination of Wild - Type and Mutant p53 at a Single Surface Plasmon Resonance Chip Preimmobilized with Consensus DNA and Monoclonal Antibody [J]. Anal Chem, 81 (20): 8441-6.

WINNEKE G, WALKOWIAK J, LILIENTHAL H, 2002. PCB - induced neurodevelopmental toxicity in human infants and its potential mediation by endocrine dysfunction [J]. Toxicology, 181 (161-5).

WISEMAN S B, WAN Y, CHANG H, et al, 2011. Polybrominated diphenyl ethers and their hydroxylated/methoxylated analogs: Environmental sources, metabolic relationships, and relative toxicities [J]. Marine pollution bulletin, 63 (5-12): 179-88.

WOOD R W, 1902. The anomalous dispersion of sodium vapour. [J]. Philos Mag, 3 (13-18): 128-44.

YEN P M, 2001. Physiological and molecular basis of thyroid hormone action[J]. Physiol Rev, 81 (3): 1097-142.

YOSHIDA J, KUMAGAI S, TABUCHI T, et al, 2005. Effects of dioxin on metabolism of estrogens in waste incinerator workers [J]. Arch Environ Occup H, 60 (4): 215-22.

YU Z Q, ZHENG K W, REN G F, et al, 2010. Identification of Hydroxylated Octa - and Nona - Bromodiphenyl Ethers in Human Serum from Electronic Waste Dismantling Workers [J]. Environ Sci Technol, 44 (10): 3979-85.

ZHANG K, WAN Y, AN L H, et al, 2010. Trophodynamics of Polybrominated Diphenyl Ethers and Methoxylated Polybrominated Diphenyl Ethers in a Marine Food Web [J]. Environ Toxicol Chem, 29 (12): 2792-9.

ZHANG S, XIA X, XIA N, et al, 2013. Identification and biodegradation efficiency of a newly isolated 2,2',4,4'- tetrabromodiphenyl ether (BDE-47) aerobic degrading bacterial strain [J]. International Biodeterioration & Biodegradation, 76 (24-31).